"浙江树人学院专著出版基金"资助出版

冻土-桩基温度场
与承载力的协同演变

宇德忠　著

全书数字资源

北　京

冶金工业出版社

2024

内 容 提 要

本书详细介绍了冻土工程学的基本理论，包括冻土的物理力学特性、温度场演化规律等，并系统阐述了高纬度岛状多年冻土地区桩基工程中桩-土温度场与承载力的协同变化关系，对深化冻土-桩基相互作用机理的认识，完善多年冻土地区桩基设计理论具有重要的学术价值，并可为相关工程建设提供一定的理论支持。

本书可供冻土建设的工程技术人员、研究设计人员和管理人员阅读，也可供高等院校相关专业师生参考。

图书在版编目（CIP）数据

冻土-桩基温度场与承载力的协同演变／宇德忠著．
北京：冶金工业出版社，2024. 11. -- ISBN 978-7
-5240-0016-7

Ⅰ．TU475

中国国家版本馆 CIP 数据核字第 2024B5T879 号

冻土-桩基温度场与承载力的协同演变

出版发行	冶金工业出版社	电　话	(010)64027926
地　址	北京市东城区嵩祝院北巷 39 号	邮　编	100009
网　址	www. mip1953. com	电子信箱	service@ mip1953. com

责任编辑　王　颖　美术编辑　彭子赫　版式设计　郑小利
责任校对　梁江凤　责任印制　范天娇
北京建宏印刷有限公司印刷
2024 年 11 月第 1 版，2024 年 11 月第 1 次印刷
710mm×1000mm　1/16；10.5 印张；201 千字；157 页
定价 99.00 元

投稿电话　(010)64027932　投稿信箱　tougao@cnmip.com.cn
营销中心电话　(010)64044283
冶金工业出版社天猫旗舰店　yjgycbs.tmall.com
（本书如有印装质量问题，本社营销中心负责退换）

前　　言

在多年冻土地区进行桥梁桩基设计时，面临一些独特的工程挑战。与传统土体相比，冻土具有特殊的工程性质，桩基在冻土地温作用下会经历回冻过程，这直接影响桩基与周围土体的相互作用以及桩基的承载能力。为了深入探讨这一现象，本书在岛状多年冻土地区开展了深入的试验研究，以期准确掌握桥梁钻孔灌注桩的回冻时间、承载力的变化规律。

本书选取了两个试验地点，每个地点浇筑了3根15 m长的试验桩，并在这些试验桩处布设了温度监测系统。通过采集桩基回冻过程中的温度数据，结合静载与动测试验，分析了桩基承载力及土（岩）层侧摩阻力和桩端阻力的变化。监测和试验结果揭示了桥梁钻孔灌注桩在水化热和冻土地温的耦合作用下，桩基温度的动态变化以及回冻后承载力的显著提升。具体来说，桩基回冻后，其承载力大约是回冻前的1.45倍，桩端阻力平均增幅达到45.8%，而桩侧摩阻力也有所增加。这些发现不仅丰富了冻土力学的理论，更为类似冻土条件下的桩基设计和承载力检测提供了重要的理论依据。

本书的创新之处在于，首次在岛状多年冻土地区采用智能温度监测系统，实时监测桩基的回冻进程，并结合静载与动载试验，全面分析了桩基承载力的变化，这将为冻土地区桥梁桩基的设计和施工提供宝贵的参考，具有重要的理论意义和工程应用价值。

本书属浙江树人学院学术专著系列，在撰写过程中得到了"浙江树人学院专著出版基金"资助，在此表示感谢。

　　本书在撰写过程中，参考了有关文献资料，在此向文献资料的作者表示感谢。

　　由于作者学术水平所限，书中不妥之处，敬请广大读者批评指正。

宇德忠

2024 年 6 月

目　　录

1 绪　　论

1.1　本书研究背景

多年冻土是指地表土层在一定深度范围内土体中的温度低于 0 ℃，并且土体的冻结状态要保持 2 年或者 2 年以上的土体，如图 1-1 和图 1-2 所示。根据相关统计资料表明，地球上多年冻土（包括岛状多年冻土和连续多年冻土）的总面积约为 $3500×10^5$ km^2，占陆地总面积的 23%，多年冻土主要分布于北美及亚欧大陆的北部，纬度越高，大气年平均温度越低，多年冻土的分布面积越大。

我国多年冻土面积约为 $2.19×10^6$ km^2，在世界上位列第三，我国多年冻土分为高纬度多年冻土和高海拔多年冻土，我国高海拔多年冻土多分布于青藏高原（见图 1-3）、喜马拉雅山脉、横断山脉；高纬度多年冻土分布于我国东北部的大、小兴安岭地区，如图 1-4 所示。高纬度多年冻土的分布服从纬度地带性规律，即多年冻土从高纬地区向低纬地区不断延伸，厚度逐渐变薄，按冻土的连续状态又分为连续冻土和不连续冻土（又称岛状冻土），我国北部地区多年冻土多以岛状分布。

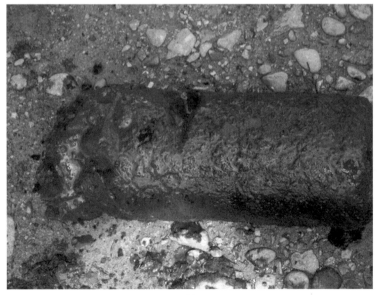

(a)

彩图

(b)

图 1-1 冻土土样

（a）单个芯样；（b）连续芯样

彩图

图 1-2 冻土土层

彩图

图 1-3 青藏高原冻土

彩图

图 1-4 大兴安岭地区冻土

高海拔地区年平均气温在-3.5 ℃左右，多年冻土的形成主要受到非地带性气候的垂直分布性的影响；高纬度地区年平均气温在-2 ℃左右，多年冻土的形成主要受到地带性气候的水平地带性的影响。在冻土的分布状况上二者之间也有着明显的区别，根据相关资料表明，高海拔地区的多年冻土呈大面积连续分布，多年冻土区域的界线在年平均气温-3.5～-2.5 ℃等温线，由于冻土所在纬度相对较低，有强烈的太阳辐射、昼夜温差巨大、蒸发作用较强、冰川较为发育，在这种特殊的气候作用下，岛状冻土的分布带较为狭窄；高纬度地区多年冻土的南界为年平均气温 -2.5 ~ -1 ℃等温线，岛状冻土分布带较为宽阔。我国东北地区的多年冻土年均温度指地温年变化层底部的温度大多在 -1.5 ~ 0 ℃，最低可达 -4.2 ℃；纬度降低 1 度，年均地温升高 0.5 ℃左右；地温年变化深度为 12 ~ 16 m。

高纬度地区的多年冻土从高纬度向低纬度不断延伸且厚度逐渐变薄，岛状多年冻土多分布于连续多年冻土与季节性冻土之间的过渡带上，我国北部大、小兴安岭地区多年冻土多呈岛状分布。大兴安岭地区的多年冻土较为发育，有大片的岛状冻土，而小兴安岭地区的岛状冻土分布则较为稀疏。在地带性气候的影响下，由北向南随着纬度的降低，多年冻土地温不断升高，从 -5.5 ℃左右逐渐向 0 ℃趋近，岛状冻土厚度也从上百米降低到几米。

在非冻土地区桥梁钻孔灌注桩施工后不存在土体冻结的现象，不需要考虑冻结后桩-土间作用力对桩基承载力的影响；在季节性冻土地区，冻土层厚度较薄（一般为 0 ~ 3.5 m）且与桩长的比例较小，土体冻结后与桩形成的冻结力对桩基承载力的提高影响较小，可忽略不计；在连续多年冻土地区，冻土厚度较深，大部分桩身都在冻土层中，在外荷载作用下，桩-土共同受力，冻土温度越低桩-土间的冻结力就越大，桩基承载力也就越高；岛状多年冻土地区冻土地温及冻土厚度通常都介于连续冻土和季节性冻土之间，桩-土间作用力对桩基承载力的影响也介于季节性冻土地区和连续多年冻土地区之间。

多年冻土中由于冰的存在使其与常规土体相比有着独特的工程特性，土体强度随着冻土存在状态的改变而发生变化，多年冻土的存在状态又与冻土地温有着密切的关系。随着全球温度变暖及冻土环境破坏，部分地区的多年冻土呈现逐年退化的趋势，冻土退化产生的融沉会对公路及桥梁的稳定性产生极大的影响，如图 1-5 所示。在多年冻土地区如何开展道路桥梁的工程建设及如何防止多年冻土的退化也已成了世界上诸多冻土专家及工程建设者亟待解决的问题。

随着我国基础设施的建设，各省的公路路网不断加密，黑龙江省北部地区部分公路在建设过程中就遇到了岛状多年冻土地段，可以参考和借鉴的相关研究成果及工程经验也比较有限。目前国内多年冻土的研究成果大都在修建青藏公路及铁路时形成，针对的是高海拔地区的冻土，而对大兴安岭这种高纬度的岛状多年冻土研究较少。

彩图

图 1-5 冻土地区桩基融沉病害

1.2 本书研究的目的与意义

桩基础是最常用的桥梁基础形式，其特点是承载能力大、适用范围广、沉降小、稳定性好。与普通地区的桩基础施工相比，在多年冻土地进行桩基的施工时，由于基础开挖、混凝土的浇筑及水泥混凝土水化热的影响，桩基冻土中热量的代入会产生热扰动，破坏了原有的冻结状态，导致冻土融化、强度降低、承载能力下降；施工结束后，随着时间的推移，在冻土地温及大气环境的作用下，桩基逐渐回冻，土体强度增加、承载能力提高。多年冻土这种独特工程性质给桥梁设计、施工带来了难题，比如在多年冻土层中桩基础施工后的回冻时间及回冻前后桩侧摩阻力变化规律尚不明确，桥梁桩基础承载力计算时冻土层中的摩阻力的取值缺乏依据等。

漠大线林区伴行路位于大兴安岭高纬度岛状多年冻土地区，大致地理位置为北纬52°、平均海拔约为450 m。以漠大线林区伴行路为依托浇筑试验桩，针对高纬度多年冻土地桩基回冻前后承载力的变化进行系统研究。通过智能温度监测系统采集试验桩温度，通过静载试验测得桩基回冻前后的桩侧摩阻力及极限承载能力的变化，目的是研究掌握多年冻土地区桩基的温度变化规律和回冻时间及回冻前后灌注桩的承载力。研究成果可以为类似多年冻土地质条件下的桩基设计及施工提供宝贵的理论依据，具有重要的理论意义及工程实际应用价值。

1.3 国内外研究现状

1.3.1 冻土力学的研究现状

冻土力学是土力学的一部分，主要研究冻土的相关物理力学性质。由于寒区工程建设的需要，目前为止，国内外的许多专家针对冻土力学开展了大量科学研究，人们对冻土力学特性的认识不断加深，研究手段也不断进步和丰富，获得了不少有价值的研究成果，在试验和理论研究的基础上，研究者们构建了诸多不同类型的本构模型对冻土的力学行为予以描述，为冻土力学的发展做出了卓越贡献。

苏联最早在 20 世纪 30 年代开始对冻土力学行为展开了研究。苏联的著名冻土专家 H. A. 崔托维奇、C. C. 维亚洛夫通过大量室内试验研究表明，冻土温度、外力加载方式、荷载加载时间及速率等诸多因素都会影响冻土强度。由崔托维奇执笔完成的著作《冻土力学》详细阐述了冻土力学的理论体系，为其他学者研究冻土相关物理力学性质提供理论基础。

苏联学者 Vyalov 在相同的温度、相同加载速率的条件下，对不同种类的冻土进行了冻结强度试验，试验结果表明，砂土冻结强度>黏土冻结强度>砾石冻结强度>卵石冻结强度。进一步试验结果表明，冻土中的含水率也是影响冻结强度的一个主要因素，含水越大，冻结强度越高。

这一时期研究者们对冻土力学性质的认识还较为粗略，将冻土作为岩石类固体进行试验研究。认为冻土是一种弹性体，采用传统材料力学中的拉压试验，研究冻土的瞬时强度及其与温度、土质和加载速率的关系。随着对冻土力学性质研究的深入，人们发现，围压对冻土的力学性质有重要影响。同时，冻土具有塑性特征，又因冰的存在而具有流变性，因此许多研究者转向了三轴作用下的冻土的力学特性和力学指标的研究。冻土专家 Tsytovihc 通过室内试验对比分析了冻土单轴抗压强度与瞬时三轴抗压强度的试验结果，建立了冻土在不同受力条件下的流变本构模型。

20 世纪 50—80 年代，冻土力学研究广泛开展起来，研究者通过大量的单轴和三轴试验对冻土在不同内部条件（如土质、含水率、孔隙率、密度、含盐率等）和不同外部条件（如负温值、围压、加载速率、冻融循环次数等）下的力学行为尤其是强度与变形特性进行了试验研究。这一时期的研究很大程度的加深了人们对冻土力学行为以及各种影响因素和影响效果的认识。对工程上常用的冻土的力学指标（如不同负温下的破坏强度、泊松比、杨氏模量、剪切模量、黏聚力、内摩擦角等）以及冻土特殊的流变性能都有了较为深刻的了解，并在这些试验数据和试验现象的基础上提出了相应的试验拟合数学力学模型。

美国的 O. B. Andeland 教授针对冻土试件在不同温度下的抗剪强度进行了系统研究，其研究结果表明：当冻土试件的温度维持在 0 ℃左右时，冻土所测得的内摩擦角与未冻土的内摩擦角没有明显差别，但此时冻土试件的黏聚力要比未冻土大很多；冻土的抗剪强度主要表现为黏聚力。

美国费尔班克斯陆军部冷区研究与工程实验室对冻土的相关性质也开展了大量研究，E. H. Syales 通过室内试验，观察了多组冻土试件从受到荷载作用直至破坏时的试件变形状态，得出了冻土蠕变曲线，根据曲线的变化趋势将冻土的蠕变分为了减速、恒定及加速三个阶段。

加拿大的 Budna 专家利用计算机通过数值分析软件，分析了冻土受力后的蠕变，提出了冻土蠕变的本构模型。

Parameswaran 等的研究集中在冻土的变形行为和强度特性上。研究通过在不同温度和应变率下对饱和冻土进行单轴压缩试验，发现冻土的强度和初始切线模量随着应变率的增加和温度的降低而增加。在 -2 ℃时，强度和模量值远低于线性外推所得的值。通过三轴压缩试验，研究了在不同侧压和应变率条件下冻土的强度和变形行为。结果表明，冻土的屈服强度和破坏强度随着围压的增加而增加，直到达到某一临界值后强度开始下降。

我国对冻土力学的研究起步相对较晚，但近年来，通过我国冻土专家及科研人员的不懈努力，对冻土力学的研究也获得了较为丰硕的研究成果。

马巍等通过室内三轴试验分析了围压对冻土强度的影响，试验结果表明：围压对冻土强度的影响较为显著，冻土强度随着围压的提高而增加，但强度增幅存在一个围压界限，当围压超过界限值时，冻土强度增幅呈现下降趋势。

王华林指出，冻土强度与冻土温度及荷载的加载速率有着直接关系，冻土强度随着冻土温度的降低而增大、随着荷载加载速率的增大而减小。

盛煜等根据冻土在长期荷载作用下的蠕变变化规律及产生破坏的时间，绘制了冻土蠕变与长期强度曲线，同时指出，冻土在长期荷载作用下产生蠕变破坏的时间节点与破损度线性累计原理相符合。

吴紫汪等通过对大量剪切试验结果的统计与分析得出了冻土内摩擦角与冻土

土体类别的关系，试验结果表明：黏性冻土的内摩擦角随加载时间的增加呈现出指数衰减的趋势，而砂性冻土的内摩擦角在短时间呈现随时间不断衰减的规律，但随着时间的不断增加，内摩擦角基本保持不变。

朱元林等通过室内无侧限抗压强度试验，论证了冻土强度与含水率及含盐量的关系，试验结果表明：随着冻土中含水率的不断增加，冻土呈现出塑性，冻土中 Na_2SO_4 的含量越高，脆性破坏特性越显著。

徐国方等主要研究了温度对冻土压缩强度的影响。研究发现，冻土的强度随着温度低于水的冰点而增加，这种强度与温度的关系可以通过幂函数或线性函数来描述。提出了这些函数的参数，包括指数和斜率，并分析了其他影响因素（如应变率和干密度）对温度参数的影响。研究结果发现，应变率降低或试件干密度的增加会导致温度幂函数中指数的增加。

马伟等的研究基于试验数据提出了冻土的屈服准则，并探讨了温度对冻土力学行为的影响。研究指出，传统的线性屈服准则（如莫尔-库仑、冯·米塞斯-博特金或德鲁克-普拉格准则）在描述冻土时存在局限性。冻土在围压增加时强度先增大至最大值，后随围压的继续增加而减小。在主应力空间中，破坏面形成了一个抛物面，其形状取决于内聚力和摩擦角，并随温度变化而变化。

随着 20 世纪末新技术的发展，冻土力学研究开始采用扫描电镜、CT 扫描等先进试验技术。这些技术使得研究者能够从微观角度分析冻土的变形和破坏机制，深入探究冻土在力学过程中结构变化和微裂纹扩展的微观机理。通过借鉴邻近学科的理论知识，科学家们试图更深入地理解冻土力学行为的物理本质。CT 扫描技术特别适用于冻土研究，因为它能够无损地检测冻土内部的细观结构变化。通过 CT 技术，研究人员可以观察到冻土在加载过程中内部结构的演变，如冰晶的形成、水的迁移以及土颗粒的重新排列。这些观测结果对于理解冻土的宏观力学行为至关重要。此外，CT 扫描技术还可以用于定义冻土的损伤变量，通过分析冻土试样在加载前后的 CT 数值变化，定量描述冻土内部结构的损伤程度。这种方法有助于建立冻土的损伤模型，预测冻土在实际工程中的性能。尽管 CT 扫描技术在冻土研究中展现出巨大潜力，但仍存在一些技术和理论挑战。例如，获取高质量的 CT 图像需要精确的设备校准和扫描参数设置。此外，将 CT 数值变化与冻土内部物质组成的变化联系起来，需要复杂的数据分析和理论建模。为了克服这些挑战，研究人员正在开发新的图像处理技术和损伤演化模型，以期更准确地从 CT 图像中提取冻土的细观结构信息。这些努力将推动冻土力学研究向更深层次发展，为冻土工程实践提供更加可靠的科学依据。

刘增利等利用 CT 扫描技术对冻土进行单轴压缩动态测试，揭示了冻土在单轴压缩下的损伤分为两个阶段：塑性硬化下的塑性损伤和新产生的裂隙造成的微裂纹损伤。研究者通过对不同损伤阶段下冻土微结构变化特征的讨论，提出了各阶段损伤量的计算公式，并分别对饱水冻土试样和未饱水冻土试样的损伤量进行了计算。结果表明，饱水冻土的塑性损伤和微裂纹损伤产生的应变条件门槛值分别为 0.75% 和 5.0%，而未饱水冻土的相应值为 0.70% 和 4.5%。研究成果为理解冻土在受力过程中的损伤机制提供了新的视角，并为冻土的工程应用提供了重要的理论依据。

赵淑萍等利用 CT 扫描技术对冻结重塑的兰州黄土进行了单向压缩试验。研究人员能够观察到冻土在受压过程中内部结构的变化，从而深入理解冻土的损伤特性。研究发现，冻土的屈服应变、损伤应变的临界值以及破坏应变的临界值是影响冻土力学行为的关键参数。研究观察到塑性应变所表示的损伤阈值随着温度的降低而增大，即在更低的温度下，冻土的损伤阈值更显著。此外，研究基于 CT 数值定义了损伤变量，并据此推导出了冻土的损伤演化规律和损伤耗散势函数。

上述这些将 CT 扫描技术应用于冻土力学的研究，可以通过图像直观地反映冻土受力过程中细微裂缝、缺陷发展的过程。但仍停留在冻土细观结构变化与传统力学框架下冻土力学参数的直观对应研究上，对冻土力学行为研究理论方面还没有根本性的突破。

自 21 世纪初，冻土力学领域的研究取得了显著进步，冻土力学理论得到了进一步的完善和深化。研究者们不再局限于传统的单轴和三轴试验方法，而是开始采用更为先进的试验技术，如核磁共振技术等，以细观角度分析冻土的变形和破坏机制。这些技术使得科学家能够观察冻土在受力过程中的结构变化、微裂纹扩展等现象，从而更深入地理解冻土的力学行为。在理论方法上，研究者开始引入其他学科的先进理论，如岩石力学中基于热力学框架下通过能量演化研究材料受力过程的方法，来探索冻土力学行为的物理本质。这些新方法的应用为冻土力学研究提供了新的视角和工具，有助于构建更为精确的冻土本构模型，预测冻土在实际工程中的性能。此外，研究者还关注了冻土在不同环境条件下的力学特性，如温度、含水量、围压等因素对冻土强度和变形的影响。通过大量的室内外试验，研究者积累了丰富的数据，为冻土力学的理论发展和工程应用奠定了坚实的基础。在冻土力学研究中，对冻土的分类、物理力学性质及其在荷载作用下的行为规律进行了深入探讨。研究者们特别关注了冻土中未冻水含量、冻土中水分迁移、土中水冻结时的成冰作用以及水热力耦合等方面，这些都是影响冻土稳定性的关键因素。通过对这些现象的深入研究，科学家们能够更好地理解冻土在不同环境条件下的响应，为冻土区的工程建设提供理论支持和指导。

Zhang 等通过一系列控制环境温度的冻土试样循环压缩加载试验，监测了冻土在不同应力幅度、加载频率和颗粒含量条件下内部温度的变化。研究发现，冻土内部温度随加载时间的持续而升高，且升温速率随着应力幅度、加载频率和粗粒含量的增加而增大；当含水量超过 $-0.5\ ℃$ 时的饱和值时，温度变化基本不变。此外，试验还观察到在一定的时间范围内，冻土试样的温度沿径向基本均匀分布，而轴向上存在微小差异，不超过 $0.05\ ℃$。

Liu 等详细阐述了冻土在动态荷载下的力学特性的研究。研究者设计并验证了一种新的动态直接剪切装置，用于研究冻土的动态力学行为。这项研究的成果包括了对冻土样本在不同温度和不同动态荷载条件下的剪切特性的测试和分析。通过这种新型装置，研究者能够更准确地模拟冻土在实际环境中受到的动态荷载，如地震或交通荷载等。装置的设计考虑了温度控制和精确的剪切速率调节，使得试验结果更加符合冻土在自然界中的受力情况。通过试验，他们发现冻土的动态强度和变形特性受到温度和围压的影响显著，且在不同的冻土类型和结构中表现出不同的响应。这项研究不仅推动了冻土力学理论的发展，也为冻土地区工程的设计和施工提供了重要的试验数据和理论支持，特别是在寒区交通基础设施建设、建筑物抗震设计等领域具有广泛的应用前景。

Xu 等通过三轴压缩试验，探讨了不同含水率和围压条件下冻结黄土的力学和损伤特性。研究发现，冻结黄土的强度和变形特性受含水率和围压的影响显著。随着含水率的增加，冻土的强度降低，且在不同的围压下表现出不同的变形特性。低围压下，冻土表现出明显的脆性破坏特征，而高围压下则表现为塑性破坏。此外，研究还观察到冻土的损伤演化过程，指出冻土的损伤变量与含水率和围压密切相关。

Shen 等通过一系列的三轴压缩试验，研究了不同应力路径对冻结路基土力学行为的影响。试验在 $-6.0\ ℃$ 的温度下进行，采用了人工饱和的冻结样品，并利用三轴低温装置（MTS-810）进行测试。研究结果表明，应力路径显著影响了冻结土的体积应变演化规律、等效内聚力、摩擦角和初始刚度。塑性变形阶段在应力-应变曲线中受到应力路径的影响。在偏平均应力空间中，冻结土的试验破坏面形状和大小对应力路径不敏感，但峰值点处的平均应力随着加载角的增加而减小。最终，研究者提出了一个新的非线性强度准则，该准则考虑了应力路径效应和"三阶段"分布特征，能够很好地预测冻结路基土的试验强度面。

综上，在冻土力学的研究领域，传统的试验方法，如单轴和三轴试验，已逐渐无法满足对冻土材料复杂受力行为的深入探究。近年来，学者们开始关注更为先进的试验技术，如循环加卸载试验和应力路径试验。这些方法能够更准确地模拟冻土在自然环境中的受力状态，从而为理解冻土的力学行为提供了新的视角。循环加卸载试验能够揭示冻土在周期性荷载作用下的变形和强度变化，这对于预测和分析冻土在实际工程中的性能至关重要。通过这种试验，研究者可以观察到冻土在多次加载和卸载过程中的塑性变形累积、强度衰减以及裂缝的发展等行为。这些观察结果有助于构建更为合理的冻土本构模型，从而提高冻土工程设计的可靠性。应力路径试验则通过模拟冻土在实际工程中可能遇到的复杂应力条件，来研究冻土的力学响应。这种试验方法可以控制不同的加载路径，从而研究冻土在不同应力历史下的变形特性、强度变化和破坏模式。通过应力路径试验，研究者能够更好地理解冻土在复杂应力状态下的行为，这对于在复杂地质条件下的冻土工程实践具有重要的指导意义。

数十年的冻土力学研究积累了大量的试验数据，这些数据为揭示冻土力学行为的复杂性提供了宝贵的信息。然而，传统的冻土力学理论往往基于常规土力学的理论框架，难以充分考虑冻土特有的热-力学耦合效应。这导致了在实际工程应用中，传统的理论方法往往无法准确预测冻土的力学行为，限制了冻土力学研究的进一步发展。随着冻土力学理论的不断进步和试验设备的更新换代，研究者开始尝试将热力学、细观损伤力学等新兴理论应用于冻土力学研究中。这些理论能够更好地描述冻土的热-力学耦合特性，以及冻土在微观层面的损伤和破坏机制。结合这些理论，研究者可以更全面地理解冻土的力学行为，为冻土工程提供更为科学的指导。此外，冻土力学研究的新趋势还包括对试验方法的创新。通过新的创新方法，研究者能够更真实地模拟冻土在自然环境中的受力历程。这些试验方法不仅能够提供更为丰富的试验数据，还能够促进冻土本构模型的发展，使其更加符合实际工程的需要。

目前，冻土力学研究正面临着理论和试验方法的双重革新。一方面，研究者需要发展新的理论模型，以更准确地描述冻土的热-力学耦合特性；另一方面，需要创新试验方法，以更真实地模拟冻土在实际工程中的受力条件。这些努力将推动冻土力学研究向更深的层次发展，为冻土工程的安全可靠提供更为坚实的科学基础。在未来的冻土力学研究中，跨学科的合作将变得越来越重要。材料科学、热力学、计算机模拟等领域的知识和技术将被越来越多地应用于冻土力学研究中。例如，通过采用先进的计算机模拟技术，研究者可以在微观层面上模拟冻土的变形和破坏过程，从而揭示冻土宏观力学行为的微观机理。此外，通过与材料科学的结合，研究者可以开发出更为先进的冻土试验设备，以满足对冻土力学行为进行更高精度研究的需求。

冻土力学研究正站在一个新的起点上，随着理论的创新和试验方法的进步，冻土力学研究将能够更好地服务于冻土工程的实践，为寒冷地区的可持续发展做出更大的贡献。

1.3.2　桩基温度场的研究现状

多年冻土地区桥梁钻孔灌注桩温度场的研究包含了冻土力学、热传导学、桩基设计、桩-土相互作用等多个相关学科，国内外相关专家针对多年冻土地区桥梁桩基础温度场也开展了大量的研究工作，取得了丰硕的研究成果。

国外冻土领域的专家首先开展了冻土温度场的相关研究工作，距今已有180多年的历史，俄国专家首先通过室内试验及理论推导的方法开展了冻土温度场的相关基础理论研究，后来随着科技的发展及科研人员基础学科理论水平的不断提高，在20世纪70年代后期，数值模拟分析在冻土温度场的研究领域中得到了广泛的应用，其便捷性和直观性推动了桩基温度场在多重影响因素及复杂边界条件下进一步的研究与分析。同时，在原有冻土热力学理论研究的基础上，国外相关专家对桩-土温度场的热传导方式及计算推导方法进行了系统分析与演算并取得了一定的成果。

美国冻土专家C. Bonaicina和A. Fasana对多年冻土地区工程桩的温度变化进行了长期观测，并结合桩-土相关物理指标及数值理论推导建立了桩基温度场的一维线性方程且求出了数值解。

R. L. Harlan在考虑水分对桩基温度场产生影响的基础上，将一维线性温度场方程进行了修正，加入了桩基的水分场，提出了桩基水-热耦合方程组，并对其求解方法进行了详细阐述。

随着科技和基础理论学科的不断发展，冻土相关学科也得到了长足的进步。

20 世纪 80 年代后期，计算机在工程及科研领域得到大规模推广应用，这也促使冻土相关学科得到了进一步的发展，冻土地区桩基温度场的研究也从一维逐渐向多维发展，并充分考虑了桩基所处区域的多场耦合问题。

我国针对多年冻土地区桩基温度场的研究相对较晚，大部分研究成果是在修建青藏铁路时形成的，我国研究人员在高海拔冻土地区桩基试验场内开展了大量的室内试验以及室外观测，结合试验及观测结果对多年地区桥梁桩基础施工工艺、桩-土间的热传导、桩-土温度场的影响因素有了进一步的理解与掌握，在此基础上结合数值模拟分析对多场耦合条件下桩基温度场的变化规律进行了系统研究，取得了大量有价值的科研成果。

章金钊等对青藏公路昆仑山垭口地区的两根试验桩的温度数据进行了观测与分析，观测结果表明：冻土地区桩基的回冻时间受到水泥混凝土的初始温度及水泥混凝土硬化过程中所释放热量等因素的影响，混凝土温度越高，所释放的热能越多，桩基的回冻时间越慢。

李小和等利用数值分析软件对青藏铁路多年冻土地区不同入模温度条件下桩基温度场进行了模拟分析，分析结果表明：随着桩基的回冻，水泥硬化所产生的热量对周围冻土的扰动逐渐降低；试验桩在入模温度分别为 5 ℃、12 ℃时，回冻两个月后桩身平均温度为桩基所在区域冻土地温的 57.3% 及 53%。

陈学敏等详细介绍了桩-土间的热传导基本方程，并确定了桩-土间的相关热传导参数，利用有限元分析软件模拟分析了多年冻土地区桩基础温度场的变化。

李明贤等通过对桩基回冻过程中桩身及桩周冻土的温度进行连续观测，绘制了温度变化曲线，并得出了桩基水化热的影响半径。

混凝土作为一种常用的建筑材料，其热传导性能相对较差，这意味着在水泥水化反应过程中产生的热量不容易从混凝土内部散失。这种特性导致了一个显著的问题：在混凝土灌注桩施工过程中，由于水泥水化产生的热量无法迅速扩散，使得桩体内部的温度显著升高。进一步的研究表明，混凝土中的水泥含量和水泥的类型是影响水化热产生的两个关键因素。水泥含量和水泥品种与混凝土在达到最高绝热温升之前的时间呈现出指数关系。通常，混凝土在浇筑后的 2~4 天内达到最高的绝热温升值。这段时间内，由于混凝土的散热能力有限，水泥水化过程中释放的热量无法有效散发，导致桩体内部温度持续上升，进而引起混凝土体积的膨胀。这种温度升高和体积膨胀的现象，如果不加以控制，可能会对桩体的结构完整性造成威胁。在施工过程中，如果桩体内部温度过高，可能会导致混凝土表面的裂缝，甚至可能影响桩体与周围土壤的黏结力，从而影响桩基的承载能力。

作为主要的热力学参数之一，导热系数表征了混凝土的导热性能，会影响混凝土材料的热传导，对混凝土内部的温度场影响较大。针对混凝土的导热系数，已经有许多学者进行了大量的试验，从影响因素、计算模型、仿真计算等方面对混凝土导热系数开展了研究。研究表明，混凝土的水胶比越大，导热系数就越小。研究了矿物掺合料对混凝土导热系数的影响，指出掺合料掺量的提高会使混凝土导热系数下降，当掺量不大时对混凝土导热系数无明显影响。

李磊等通过试验方法对引气混凝土的导热系数进行了测试和分析。研究发现，引气混凝土的导热系数受多种因素影响，包括水泥用量、引气剂掺量、养护龄期和试件密度。试验结果显示，随着水泥用量的增加，混凝土的导热系数呈上升趋势；而引气剂的加入则显著降低了混凝土的导热系数。此外，养护龄期的延长和试件密度的增加也会导致混凝土导热系数的降低。

刘卫东等对混凝土材料的导热系数进行了系统的试验研究。通过改变混凝土中的水泥含量、骨料类型、骨料粒径和掺合料等参数，探讨了这些因素对混凝土导热系数的影响。试验结果表明，水泥含量的增加会导致混凝土导热系数的提高，而骨料粒径的增大则有助于降低导热系数。此外，使用合适的掺合料可以显著改善混凝土的保温性能，降低其导热系数。研究还发现，混凝土的导热系数随着养护龄期的增长而逐渐降低，这表明混凝土的保温性能会随着时间的推移而提高。这些发现对于设计和施工具有良好保温性能的混凝土结构有重要的实际意义，尤其是在寒冷地区的道路和桥梁工程中，通过合理选择材料和调整配合比，可以有效提高混凝土的热工性能，满足工程的保温隔热要求。

朱丽华等聚焦于再生混凝土的导热系数，旨在评估其作为建筑材料的热工性能。研究团队通过实验室测试，系统地分析了不同再生骨料含量、不同取代率、不同水灰比以及不同养护条件对再生混凝土导热系数的影响。试验结果揭示了再生骨料含量的增加会导致混凝土导热系数的降低，这是因为再生骨料的热工性能通常优于天然骨料。同时，水灰比的降低和适宜的养护条件也有助于提高再生混凝土的导热性能。研究还发现，再生混凝土的导热系数随着再生骨料取代率的增加而减小，这表明再生混凝土在提高隔热性能方面具有潜力。

张伟平等研究了砂率、骨料种类及体积分数对混凝土导热系数的影响，发现水泥砂浆导热系数随着中砂体积分数的增大而增加，混凝土导热系数随着骨料体积分数、骨料导热系数的增加而增加。干燥状态下，水泥砂浆与粗骨料之间存在明显的界面热阻，可以不考虑饱和混凝土中水泥砂浆和粗骨料界面热阻的影响。该课题组还进一步研究了粗骨料形状、级配对混凝土的导热系数的影响，指出粗骨料粒径越大，轴长比越大，混凝土导热系数变异性越显著。

桩基凭借其可有效减轻基础受季节性冻融变形的影响、服役期对冻土温度场扰动小等优点，在多年冻土区桥梁工程建设中得到广泛应用。桩基在中国多年冻土工程中的应用开始于 20 世纪 60 年代，随着青藏公路和铁路的建设开启了广大学者对多年冻土地区桥梁桩基温度场的观测与研究。除中国外，多年冻土区还主要分布于亚北极地区，包括俄罗斯西伯利亚、北美北部地区等。与中国不同，欧洲和美洲在冻土区常用的桩型以木桩、钢桩为主，很少用到混凝土桩。在桩基施工方面，主要采用蒸汽融化打入、预钻孔插入泥浆回填、干螺旋钻孔插入、直接打入 4 种方法进行桩基施工，即所用桩大部分为预制桩。

在多年冻土地区进行钻孔灌注桩施工时，随着施工过程的扰动、混凝土水化热等因素的影响，桩周冻土温度场将相应地发生变化，这些变化会给施工带来许多不确定因素，所以需要持续掌握桩-土的温度变化及其变化规律。中国先后在青藏高原多年冻土地区建造了五道梁、清水河和昆仑山三个桩基础试验场，通过温度观测数据的统计与分析形成了许多有价值的研究成果。

原喜忠选择高温不稳定多年冻土区少冰冻土中的桩基为研究对象，桩长 18 m，桩直径 1 m，分别就桩侧升温幅度与降温过程进行了分析，得出施工完成 80 天后桩侧温度降至 0 ℃ 以下的结论。

章金钊通过对青藏公路沿线昆仑山垭口附近长 15 m、直径 1.2 m 的试桩施工完成后 60 天内的沿桩基径向各测孔温度的分析，总结出各测孔升温幅度及其受水化热影响程度，给出灌注完成 60 天后桩侧 2 m 以下温度降至 0 ℃ 以下的结论。相关研究成果为多年冻土地区的工程建设提供了理论支撑，但取得的研究成果大部分都是针对高海拔连续性多年冻土的，对高纬度岛状多年冻土涉及较少。

以上相关研究成果表明：在寒冷地区的永久冻土层上进行钻孔灌注桩基础施工时，会面临多重挑战。除了施工过程中的现场干扰和桩体本身散发的热量之外，混凝土浇筑过程中产生的水化热也会对冻土层中的冰晶结构造成显著影响。混凝土中的水泥在硬化过程中会释放热量，这是由于水泥在高温下反应，产生了一系列不平衡的化合物。混凝土中水泥的具体成分决定了水化热的强度，这种热量的释放对冻土的温度场分布有着重要影响。在多年冻土区域,钻孔灌注桩的混凝土水化热效应是影响土壤温度分布的一个关键因素。因此,研究桩与土壤之间的温度场分布,尤其是混凝土的水化热效应,对于确保桩基础的稳定性和长期性能至关重要。混凝土的水化热是由水泥与水反应产生的,这个过程称为水化。在水化过程中,水泥颗粒与水分子结合,形成水化产物,同时释放出热量。这种热量的释放会导致周围土壤的温度升高,从而影响冻土的稳定性。在冻土环境中,温度的微小变化都可能导致冰层融化或土壤结构的破坏,因此必须仔细考虑混凝土的水化热对冻土的影响。为了评估水化热对多年冻土的影响,研究人员对桩基础进行详细的温度场模拟,这通常涉及复杂的热传递模型,包括对混凝土水化热的产生、传播和消散的模拟。通过这些模型,可以预测在不同施工条件下,混凝土的水化热如何影响周围的冻土层。在设计冻土地区桩基础时,考虑水化热的影响是至关重要的,设计者可能会选择特殊的水泥类型,比如低热水泥,或者调整混凝土的配比,以减少水化热的产生。此外,还可以采用冷却措施,如在混凝土中加入冰块,或者在施工过程中使用冷却设备,以降低混凝土的温度。在施工过程中,监测混凝土的温度和周围冻土的温度也是至关重要的。这可以通过安装温度传感器来实现,以便实时跟踪温度变化,并在必要时采取调整措施。通过这些措施,可以确保桩基础在冻土中的稳定性,防止由于温度变化引起的冻土融化或结构损坏。混凝土的水化热是影响多年冻土地区桩基础性能的一个关键因素,通过深入研究桩-土温度场的产生机制和传播路径,以及采取适当的设计和施工措施,可以有效地减轻代入热量对冻土环境的不利影响。

1.3.3 桩基承载力的研究现状

桩基础是桥梁基础设计中最常选用的一种形式,其特点是承载能力大、适用范围广、沉降小、稳定性好。人类很早以前就开展了对桥梁桩基础的研究,但起初针对桥梁桩基础的设计及承载力的计算并没有十分系统的计算方法和计算依据。1890年,锤击打入桩成了当时最常选用的施工工法,当时学者把桩基假定为刚性体,把牛顿碰撞定理作为设计和计算桩基承载力的理论方法,以桩身被打入时的贯入度为参数计算桩基极限承载力。1893年,"Pile and Piledriving"一文发表于 *Engineering News*,开启了以单桩承载力为研究对象的开端,详细阐述了桩身受力后承载力的变化性状并根据试验结果提出了著名的 EN 动力打桩计算公式。此后,大量学者在前人研究成果的基础上从不同的角度对单桩承载的受力特性开展了进一步的研究。国内外许多专家和学者针对桥梁桩基础开展了大量科学试验并且取得了一定的研究成果。

桩基竖向的极限承载力由桩端阻力和桩侧摩阻力两部分组成，桩基极限承载力是桩基设计的关键环节。桩身承载力要受到诸多因素的影响，比如桩身所用材料的质量、桩-土间的作用力、桩端土体的承载能力等。随着科学技术的发展，基桩承载力的检测技术也得到了较为快速的发展，主要包括了静载试验法和动测试验法两种，每种都有各自的优势，目前检测桩基承载力、桩侧摩阻力和桩端阻力应用较为普遍的是静载试验法，这是因为静载试验法的可靠度最大，但随着动测试验法的不断完善，其操作便捷、试验持续时间短的优势也使动测法得到了进一步推广与应用。

1981 年，美国的学者 Michael W. O'Neill 等对比分析了单桩基础承载力与群桩基础承载力的竖向静载荷试验结果，掌握了单桩基础与群桩基础荷载的传递机理，并在此基础上利用静力触探设备确定了桩基荷载传递的相关计算参数。

美国学者 Jean Louis Briand 等根据大量桩基的承载力试验结果，总结出了桩基沉降及桩基承载力预测的计算方程，给出了方程的假设条件并提出了计算方程的适用范围及相关修正系数。

S. S. Vyalov、Yu. S. Mirenburg 等结合桩基所在位置处冻土的物理力学指标及桩基极限承载力，详细分析了桩周冻土受力后的蠕变，并讨论了冻土强度对桩基承载力的影响，根据试验结果提出了不同冻土强度下桩基承载力的修正系数。

M. E. Slepak、M. V. Lunev 等详细研究了群桩在冻土环境中的承载力特性，通过试验结果指出冻土中的群桩桩基承载力要受到桩间距及桩周土体物理力学性质的影响，当群桩中单桩之间的距离较大时，单桩的数量及承载力决定了群桩的承载力；当群桩中单桩之间的距离较小时，群桩承载能力的影响因素较为复杂，要综合考虑单桩的受力特性、群桩的沉陷及桩周冻土的蠕变特性。

L. Domaschuk、D. H. Shields、L. Fransson 对冻结砂土中的桩基施加了竖直荷载，并观测了桩基在不同竖直荷载作用下的变形，试验结果表明：桩基在初期荷载作用下变形不明显，但随着荷载的不断增加，桩基变形呈现明显的指数变化。

P. Morin、D. H. Shield、R. Kenyon 等通过室内模拟试验提出了桩周冻土蠕变预测的计算方法，并将冻土受力破坏进行了阶段性划分，分为弹性变形阶段、持续的黏性变形阶段和极限变形破坏阶段，预测了桩周冻土不同阶段的受力状态及桩-土间的作用力。

L. Domaschuk、Ji Zhanliang、D. H. Shields 等利用数值分析软件模拟分析了冻土桩基在水平荷载作用下的受力及变形特性，根据分析结果建立了以受力、变形为参数的桩基承载力计算方程式。

W. Nelson、A. Christopherson、D. Nottingham 等结合室内模拟试验，对含盐淤泥冻土地区桩基的第二蠕变速率进行了系统研究，模拟试验桩处于含水率为 30%、含盐量为 3.4% 的淤泥冻土中，冻土温度分别设定为 -7 ℃、-10 ℃ 时，对应产生第二蠕变率的压力分别为 6.9 kPa 和 13.8 kPa。

美国费尔班克斯陆军部冷区研究与工程实验室对桩基础在多年冻土地区的应用进行了系统研究，对桩-土间的作用机理进行了分析。

应用自平衡法检测桩基承载力的想法最早由日本学者提出，并首先在钻孔灌注桩中进行了应该研究。1973 年，Bustamante 和 M. Grouting 应用此方法测出了桩孔灌注桩水泥混凝土与岩层间的作用力，由于受到当时科技水平的限制，自平衡法并没有得到广泛的关注与认可。

美国学者 Jori. Ostetherg 首次将自平衡法应用到桩基承载力的检测，测出了 Pines 河桥的钢管混凝土桩的承载力，分析了桩端阻力和桩侧摩阻力的变化。

Venant Saint 深入分析了弹性波在固体介质中的传播规律，提出了著名的一维波动方程，为桩基的动力测试提供了理论基础。

F. Rausehe、B. Richardson、G. Likins 基于高应变动荷载检测法运用 CAPWAP 程序对多次击打下的桩身受力进行了动态分析。

20 世纪 70 年代，我国的专家学者也陆续开展了针对桩基承载力的相关研究，取得了许多有价值的研究成果，随着青藏公路和铁路的建设我国学者开启了多年冻土地区桥梁桩基础的研究，先后在青藏高原多年冻上地区建造了五道梁、清水河和昆仑山 3 个桩基础试验场，通过试验数据的统计与分析形成了许多有价值的研究成果，为多年冻土地区的工程建设提供了理论支撑。

常明芳等在桩身内部布设了应力传感器，通过桩身轴力的变化，分析了对钻孔灌注桩荷载传递的规律及影响因素。

刘秀等对多年冻土地区钻孔灌注桩在施工过程中产生的热量对桩周冻土的影

响范围进行了观测，根据桩基温度观测结果及承载力实测数据，开发了 Visual Basic 6.0 计算程序对桩基回冻初期单桩承载力进行了计算。

王旭等结合青藏铁路所浇筑的工程桩进行了多年冻土地区桥梁钻孔灌注桩的现场静载试验，结合采集的桩基在回冻过程中的温度数据及现场桩基承载力的实测数据，详细研究了桩基不同回冻进程时桩侧摩阻力的分布规律，结合实测的桩端阻力，分析了桩基回冻过程中承载力的变化规律。

朱秋颖在室内进行了桩基抗拔的模拟试验，不断改变试验用土的温度，模拟桩基在实际冻融循环条件下的温度变化，绘制冻土温度与时间、冻深的变化曲线，以此分析了桩-土间结力随外界环境的变化规律，以及桩基上拔量随温度、时间、冻深的变化规律。

近年来，随着桩基检测技术的不断发展，除了桩基常规检测的静载荷（锚桩法）试验外，又出现了一些较为新颖的桩基承载力检测手段，像自平衡试验法、基桩高应变动力检测和 CT 技术检测等。由于费用或者检测方式的局限性，应用 CT 技术检测桩基承载力的大规模推广应用还存在一定的难度。

自平衡法于 2002 年被科技部和教育部列为重点推广项目，国内许多专家针对采用自平衡检测桩基承载力进行了相关研究。

龚维明等于 1996 年针对自平衡法检查桩基承载力的实用性与推广性进行了研究，通过大量试验数据的统计、分析并对试验结果的可靠性进行了验证，在 1999 年编制了《桩承载力自平衡测试技术规程》（DB32/T 291—1999），并申报了两项发明专利。规程中详细阐述了自平衡法的试验原理、试验方法及承载力计算公式的推导，为自平衡法的推广与应用做出了巨大贡献。

周巍、李洪泽对自平衡加载设备在桩基中的布设位置进行了讨论，对比分析了不同布设位置处对桩基承载力检测结果的影响，并给出了荷载箱在桩基中布设位置的计算公式。

戴国亮等在 3 根试验桩内分别布设了应力传感器，采用自平衡法测量桩基在各级荷载作用下的桩身轴力变化，分析了桩-土荷载传递机理。试验结果表明：用自平衡法所测得的桩基受力后的轴力曲线变化规律与传统的锚桩法所得到的桩基轴力曲线变化规律基本一致，即在桩侧摩阻力的影响下，距离荷载箱越远，桩身轴力越小。

中南大学徐勇结合实际工程，应用自平衡法测出了桩侧摩阻力和桩端阻力，计算出了桩基承载力，在此基础上用有限元分析软件建立模型分析了桩基在逐级荷载作用下的桩-土受力变化，并探讨了桩周土刚度对桩基承载力的影响。

进行动力检测时，需要在桩基顶面施加瞬时的动荷载，根据埋在桩身上的传感器采集桩基的受力与位移加速度，根据桩-土动应变的大小分可分为低应变和高应变两种检查方法，低应变多用于检测桩身完整性，高应变多用于检测桩基承载力。国内针对桩基动测的研究已有近 30 年的历史，也取得了许多有价值的研究成果。

湖南大学的周光龙教授在国内首先研究了桩基础动力检测技术，通过对大量试验数据的整理与分析，总结出了动力参数测桩法，加大了试验结果的可靠性，其研究成果进一步推动了动力测桩法在我国的推广与应用。

唐念慈教授采用动测方法对海上作业平台的两根大直径钢管桩布设了应力、应变及加速度传感器，采集了桩基在施工工程中的各项参数，换算出了桩基承载力；并结合桩基静载试验结果应用 BF81 计算机程序对比分析了两者试验结果的相符程度，对影响动测结果的因素进行了深入分析。

田凯等对应用高应变动测法检测桩基承载力时，桩-土间的本构关系进行了详细阐述，并通过桩基动、静载试验结果讨论了两种试验方法之间进行对比时桩-土体系所具备的条件。

于印章等基于一维行波理论，将桩身划分成 N 个单位，在充分考虑桩周土阻力影响的条件下，分析了桩身单元上行波和下行波的变化曲线，提出了桩基承载力的拟合计算模型。

杨立专详细分析了高应变（曲线拟合法）的试验原理，把桩假定为连续杆件，在此基础上应用遗传算法编制了桩基承载力计算程序，并将计算结果与实测结果进行了对比分析，对部分参数进行了修正，经反复对比不同试验桩的试验结果，验证了该计算方法的可靠性。

经过相关资料的查阅、对比及分析后发现，到目前为止，虽然国内对冻土地区桩基础的研究比较多，但主要针对的是青藏高原高海拔多年冻土地区的桥梁桩基础，而针对大兴安岭高纬度多年冻土区桥梁桩基础的研究则非常有限。在查阅的文献中关于多年冻土地区桥梁桩基温度场的研究部分有所涉及，但其对桩基温度数据的采集并没有完全实现自动化、对桩基的回冻进程还未实现实时动态监测，本书则采用智能温度监测系统，实时采集桩基温度数据，准确掌握桩基的回冻规律及所在区域的冻土地温；关于多年冻土地区桥梁桩基承载力的研究部分也有所涉及，但其并没有系统分析桩基回冻前后桩基承载力、不同土层摩阻力的变化特性，关于高应变动测法在冻土地区的应用，几乎没有文献涉及，本书就是要通过现场试验桩的静、动载试验，采集试验数据总结相关研究成果，为高纬度多年冻土地区的桥梁桩基承载力设计、检测提供相应参考数据。以上几个方面也是本书的创新之处。

1.4 本书研究的主要内容

本书在查阅了国内外关于多年冻土的工程性质及冻土地区桥梁建设的相关研究资料基础上，制定了研究方案，结合依托工程浇筑了 6 根 15 m 长试验桩，针对高纬度岛状地区桩基施工后桩基的回冻时间及回冻前后桩侧摩阻力及承载力的变化进行详细研究，研究内容如下。

（1）桩基所在区域多年冻土物理力学参数的试验研究。

结合现场地质勘查资料选择典型土体，测定土样的天然密度、含水率、相对密度等物理参数，并在不同低温条件下测定冻土土样的内摩擦角、黏聚力等力学参数，分析冻土单轴抗压强度、抗剪强度随土体温度的变化规律。

（2）多年冻土地区桥梁桩基回冻规律的监测与分析。

在试验桩内部及桩周土体中布设测温管，利用智能温度监测系统采集成桩后桩-土的温度变化数据，动态监测桩基的回冻进程（根据监测结果指导桩基回冻前后的动、静载试验时间）、分析桩基回冻过程中的温度变化规律并测出桩基回冻后所在区域的冻土地温。

（3）多年冻土地区桥梁桩基回冻前、后承载力的静载试验研究。

根据现场实地勘查的试验桩桩基土层分布情况在桩身内不同土层的分界面处布设钢筋计、在桩底布设压力盒，结合温度监测数据，分别在桩基回冻前、后进行桩基静载试验（自平衡法），得出桩基回冻前、后桩基极限承载力并分析桩侧摩阻力及桩端阻力的变化规律。

（4）多年冻土地区桥梁桩基回冻前、后承载力的动载试验研究。

根据温度监测结果，在桩基回冻前、后进行桩基动载试验（曲线拟合法），测定桩基极限承载力。根据静载法实测出的各土层回冻前后的桩侧摩阻力值修正高应变动测法桩-土力学模型中的土层参数，并将动、静载试验结果进行对比，验证动载试验在多年冻土地区应用的可靠性。

（5）桩基回冻前、后温度场及承载力的模拟分析。

利用有限元软件建立模型，结合试验结果验证模型的可靠性，在此基础上分析不同入模温度、桩径、桩长及冻土地温条件下的桩基回冻时间，根据模拟结果建立桩基回冻时间的计算方程；并模拟分析相同荷载作用下桩基不同冻结深度所对应的桩端阻力及桩侧摩阻力的变化。

1.5 研究方法

根据智能温度监测系统采集桩基回冻过程中的温度数据分析桩基温度变化规律及回冻状态；在多年冻土层未冻结及回冻状态下分别进行桩基动、静载试验，确定桩基的极限荷载并计算出不同土（岩）层摩阻力；通过有限元分析软件建立模型分析桩基不同条件下的温度场，根据模拟结果建立桩基回冻时间的计算方程，并模拟桩基不同冻深时桩端阻力及桩侧摩阻力的变化。

其技术路线图如图 1-6 所示。

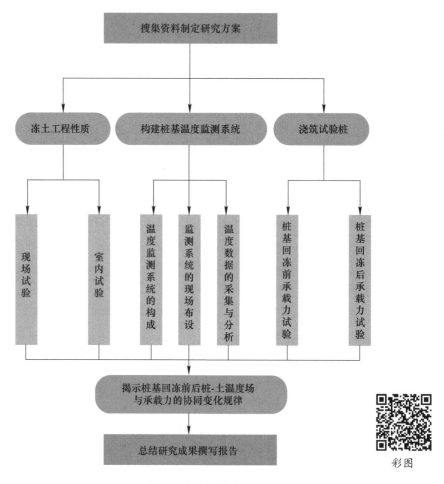

彩图

图 1-6 技术路线图

2 冻土地区桩-土间的作用机理

2.1 冻土地区桩基类型

随着我国交通运输行业的快速发展，桥梁的结构形式趋于多样化、跨径不断增大，桥梁基础所承担的荷载越来越大、受力情况也越来越复杂，像掏挖这种浅埋式的桥梁基础已经无法满足现代化桥梁建设的发展需要了。在多年冻土地区由于其较为复杂的工程地质条件进一步增大了桥梁基础的设计与施工。近年来，由于桩基所具备的优越性其被广泛应用到多年冻土地区的桥梁建设中，桩基的优越性主要体现在以下几个方面：第一，桩基础的适用范围较广，同时可以将桩基埋设到深层土中，将荷载传递到承载力较好的土（岩）层上；第二，桥梁桩基础能够提供的承载力较高，有较强的适应性，桩基础不但能承担竖向荷载的作用，同时还能有效地抵抗所受到的上拔荷载和水平荷载的作用；第三，桩基础有较多形式可以选用，在多年冻土区桥梁桩基础常用的形式主要有钻孔灌注桩、钻孔插入桩、钻孔打入桩、人工挖孔灌注桩4种。

2.1.1 钻孔灌注桩

随着科学技术的不断创新与发展，早强混凝土已成功研制，因此钻孔灌注桩也成了多年冻土地区桥梁桩基础结构形式中最常用的一种，适用于多年冻土地区冻土地温在-0.5℃以下的各种土（岩）层。钻孔灌注桩的施工工序工艺也较为简单，首先要埋设护筒，埋设好后利用钻机钻孔，钻好孔后清除孔内的沉渣，再将绑扎好的钢筋笼放入钻好的孔内，最后浇筑水泥混凝土。钻孔灌注桩具有适用范围广、承载能力高、施工技术成熟、成桩尺寸大、施工工艺便捷等优点。但与之相对，钻孔灌注也存在一些自身的缺点，缺点有由于水泥混凝土的水化热作用，对桩基周围冻土的温度场有较大的扰动，桩周冻土的回冻历时较长；桩身混凝土长期处于低温环境中，自身的耐久性、稳定性及强度受环境因素影响较大。

2.1.2　钻孔插入桩

钻孔插入桩是一种先采用钻机在桩位处钻孔，钻好孔后再将预制好的桩基沉到孔内的方法，桩基的承载力主要是由桩基表面与桩周回填的水泥浆或其他材料在冰的胶结力作用下提供的。钻孔插入桩所具有的优点为：适用于各种类型的冻土地区，施工工艺及设备都较为简单；桩基的所在位置及桩底标高的控制精度较高，便于桥梁其他结构的整体拼装；由于没有水泥混凝土水化热的影响，与钻孔灌注桩相比对桩周冻土的回冻时间明显缩短，在冻土地温较低的区域，桩基能快速回冻，便于施工的连续性。其缺点是受到施工设备的限制，无法用于大直径桩基的施工；与钻孔灌注桩相比，钻孔插入桩所具有的单桩竖向承载力相对较小，同时，钻孔插入桩无法承受较大的上拔荷载及作用在桩基上的水平荷载；另外，桩基的承载性能还要受到桩周回填材料的施工方法及回填材料自身性质的影响。

2.1.3　钻孔打入桩

钻孔打入桩是先用钻机在指定的桩位处钻好桩孔，再将直径大于桩孔的预制桩打入到桩孔内的一桩基成桩方法。钻孔打入桩优点为：具有较高的前期承载力，便于施工的连续性；对桩周冻土的温度场影响较小，桩基回冻速度较快。此种方法的缺点为：打入桩的应用要受到地质条件的影响，当冻土中存在块石或者漂石时无法使用，此方法只适用于细颗粒的冻土区域；对施工的击打设备要求较高，与钻孔沉入桩一样无法应用到大直径桩基的施工；在冻土土层温度较低时冻土的强度较高，桩基的击打有较高的难度；桩基的贯入度及桩顶标高的精度难以控制，不利于桥梁的整体拼装施工。

2.1.4　人工挖孔灌注桩

顾名思义，人工挖孔灌注桩就是采用人工的方式来成孔，再将绑扎好的钢筋笼放入到桩孔中，放好后灌注水泥混凝土。此种方法的优点为桩基的承载力高、桩基位置控制较为精确，施工方法及施工机具简便、对桩周冻土温度场的影响较小。其缺点为不适应于埋设较深的桩基、相比其他施工方法其施工速度相对较慢、对桩基开挖过程中的支撑及加固措施要求较高。

在多年冻土区进行桥梁桩基设计及施工时，由于其所具有的复杂的工程地质条件，选择合理桩基础类型非常重要。通过对各种桩基类型的综合分析，依托大兴安岭岛状多年冻土地区的实际工程采用钻孔灌注桩的形式浇筑试验桩，系统分析桥梁钻孔灌注桩桩基在岛状多年冻土地区的回冻时间及桩基回冻前后承载力、桩侧摩阻力及桩端阻力的变化特性。

2.2　钻孔灌注桩的受力特点

根据钻孔灌注桩的受力特性可以将其划分为以下几类。

2.2.1　摩擦型桩

通常摩擦型桩所在区域桩端土（岩）层的承载能力较差，在桩顶施加竖向荷载的初期，桩侧上层土体的侧摩阻力首先承担全部荷载作用，随着所施加的竖向荷载的不断增大，荷载沿着桩身逐渐向下传递。最终桩侧摩阻力承担了绝大部分的荷载，而桩端阻力所承担的荷载比例相对较低，通常可以忽略。摩擦型桩的变形特点为一旦所施加的荷载超过桩侧摩阻力的极限值，桩身位移会迅速增大，桩基发生破坏，桩基的承载能力由各土（岩）层摩阻力的大小决定。

2.2.2　端承桩

端承桩正好与摩擦型桩相反，通常摩擦型桩所在区域桩端土（岩）层的承载能力较强，在荷载作用下，桩侧摩阻力充分发挥后，荷载传递到桩端土（岩）层后剩下的荷载全部由桩端持力层来承担，有时桩端阻力与桩基承载力的比值甚至接近100%。由于端承桩的桩端土层承载能力较好，其变形特点为在荷载作用下桩身的变形量较小，由于桩身混凝土的可压缩量非常小，在荷载不断增大的条件下，桩身压缩破坏。桩基的极限承载能力取决于混凝土桩身的强度。

2.2.3　摩擦端承桩

摩擦端承桩的性质及受力特点均介于摩擦型桩和端承桩之间，在竖向荷载作用下桩侧土层的侧摩阻力由上至下逐渐发挥，随着荷载的不断增大，荷载传递到桩端持力层后，桩端阻力与桩侧摩阻力共同发挥承担荷载作用。其受力变形特点为随着荷载的逐渐增大，桩基位移不断增大，直到桩端阻力达到极限值，桩身位移迅速增大，桩基破坏，桩基极限承载力由极限桩侧摩阻力和桩端阻力共同组成。

不同桩基类型如图2-1所示。

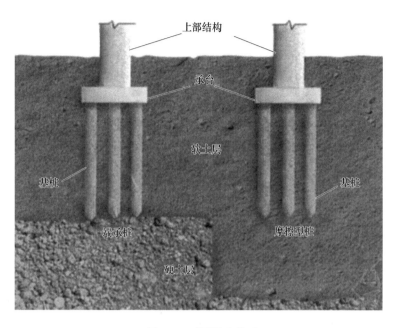

彩图

图 2-1 不同桩基类型

2.3　桩-土间的冻结强度

桩基在回冻过程中由于水冻结成冰产生胶结作用，使桩身与周围土体紧紧地结合成一个整体，共同抵抗外荷载的作用。桩-土间由于冰胶结作用而产生的作用力称为桩-土间的冻结强度，简称冻结力。

所在冻土区域的桩基只有受到外荷载的作用时，桩-土间冻结力的作用才能够不断发挥出来，冻结力具有抵抗荷载的作用，其作用方向通常与荷载的作用方向相反。冻结力类似于非冻土区域普通土体的摩擦力，其对桥梁基础的作用主要表现在以下两方面。

（1）冬季在大气低温的作用下，季节性冻土层不断冻结，位于季节性冻土层中的桥梁桩基础侧面要受到切向冻胀力 f 的作用，其作用方向为沿着桩-土截面向上，与此同时，处于多年冻土层中的桩身侧面产生的冻结力 τ_j 的作用方向为沿桩身向下，与切向冻胀力作用方向相反。此时，冻结力对桩基由于冻胀产生的上拔趋势起到了一定的锚固作用，如图 2-2 所示。

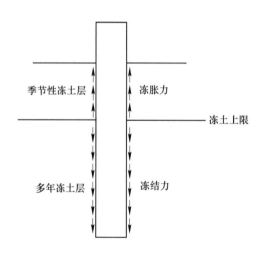

图 2-2　冻结力对基础的锚固作用

（2）春季随着气温的逐渐升高，季节性冻土层逐渐融化，此时桥梁桩基础受到荷载 P 和自重 G 的作用，作用力的方向都是向下的。与此同时，在 G 和 P 的作用下处于多年冻土层中的桩身部分在桩-土界面处产生了冻结力 τ_j，其作用方向为沿着桩身向上，冻结力抵抗了桩基的下沉作用，如图 2-3 所示。

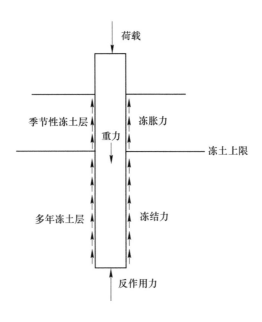

图 2-3 冻结力对基础的承载

桩-土间的冻结力要受到温度、含水率、土体级配、荷载大小及荷载持续时间等因素的影响。在含水率保持不变的条件下，温度是影响冻结力的一个主要因素，随着温度的降低冻结力逐渐增大，因为冻结力的大小主要取决于冰晶-基础间的胶结强度，同时还要受到实际参与到桩-土间胶结作用中的冰晶数量的影响。在温度不断降低的条件下，水分不断冻结，冰晶数量得到持续增加，冰晶分子结构中氢离子的活跃性却逐渐减小，冰晶结构的密实程度随着温度的降低而增大，从而导致桩-土间胶结强度不断增加。在某一区间内冻结力的强度与土（岩）层中的含水率呈正比关系，当含水率达到某个界限值时，冻结力也同时达到最大值；当含水率超过这个界限值时，冻结力的强度将与土（岩）层中随含水率呈反比关系，最终冻结强度的大小趋向于基础材料与冰之间的胶结强度。分析上面所表述的现象其原因为，在土（岩）层中含水率小于临界值的条件下，随着含水率的提高，参与到胶结作用的冰晶结构的数量不断增加，从而导致桩-土间的胶结面积增加冻结力不断增大。在土（岩）层中含水率达到临界值时，桩-土间的孔隙完全被冻结的冰晶所填充，此后桩-土间的胶结面积不会再继续变大，因此冻结力也不会增加。当土（岩）层中含水率超过临界值时，参与到桩-土间胶结作用的冰晶数量已经达到极值不会继续随着含水率的增加而增大，与此同时，桩-土间的冰层却不断增厚，冰冻结后的膨胀使桩-土间的距离变大破坏了桩-土原有的作用力，使桩-土胶结强度反而减小，冻结力也不断降低。

2.4 桩-土体系荷载传递机理

在竖向荷载的作用下沿着桩身的轴向方向将产生向下的压缩变形，桩身产生的压缩变形使得桩-土体间产生相对位移或者相对移动的趋势，为了抵抗桩身变形桩侧土体对桩身产生了桩侧摩阻力。荷载沿着桩身逐渐向下传递，由于桩侧各土层摩阻力的不断发挥，桩身所受轴力与荷载传递深度成反比。随着荷载的逐渐增大，相同深度处桩身所受到的力量也逐渐增加，桩身的竖向变形也不断增大，桩侧摩阻力随着荷载传递深度的增加逐渐发挥。当荷载增加到一定程度时，桩端土（岩）层逐渐产生桩端阻力，桩端土层由于不断被压缩产生的变形将进一步增大桩-土间的相对位移量，由此导致桩-土间的作用力不断增加。当桩与桩周土体间的作用力达到极限值后，如果继续在桩顶施加荷载，超过桩侧极限摩阻力所能承担的荷载将全部由桩端阻力来承担。随着桩顶荷载的持续增加，桩端土（岩）层不断被压缩，此时桩顶位移的增加速度明显变快，当桩端土体达到极限压缩量时，桩端阻力也达到了其极限值，在这种状态下如果继续增加荷载，桩顶位移量将急剧增大对桩基产生破坏，此时桩顶所施加的荷载就是桩基的极限承载力。在桩顶处所施加的荷载以桩侧摩阻力和桩端阻力的形式扩散和传递到桩端土（岩）层和桩周土体中，桩端阻力和桩侧摩阻力的发挥过程其实就是桩-土体系荷载传递的过程。

桩基所受到的全部荷载是由桩侧摩阻力和桩端阻力共同承担的，但在发挥程度上两者并不是同步的，桩侧摩阻力是通过剪应力的形式把荷载传递给桩侧土的，桩端阻力是通过压应力的形式将荷载传递给桩端土（岩）体的，两者要想得到充分发挥所对应的桩顶位移量是不同的。只有先弄清桩基在竖向荷载作用下桩侧摩阻力与桩端阻力所承担的荷载情况，才能准确地掌握桩基的承载性状。只要桩身与桩侧土体间产生相对位移或有位移的趋势时，荷载就会沿着桩身传递产生桩侧摩阻力，当桩侧土体与桩身间产生的位移量增大到一定程度时，桩侧摩阻力将达到极限值。桩端阻力表现为桩端土（岩）层对桩端的支承能力，持力层的力学性质将直接影响桩端阻力的发挥，当持力层的力学性质较好时，桩端阻力占承载力中的比例也会增加，有时甚至是全部，当持力层力学性质较差时，桩端阻力要想发挥到极限状态时所需的桩顶位移量要比桩侧阻力发挥极限状态时的桩顶位移量大得多。

2.4.1　影响桩侧摩阻力的因素

对桩侧摩阻力产生影响的因素较多，其发挥过程是非常复杂的。影响因素大致可以归纳为桩周土体的性质、桩基施工方法、桩身材料强度等级、桩-土间的接触情况、桩-土间相对位移量的大小及冻土温度等。

2.4.1.1　桩-土的性质

对桩-土间作用力的影响最直接、起决定性的因素莫过于桩周土体的性质。通常，桩周土体所具有的强度越高，土层所对应的桩侧摩阻力极限值就越大。桩侧摩阻力的大小与桩周土体的剪切模量有着直接的关系，因为桩侧摩阻力属于摩擦力的范畴，桩侧摩阻力是通过桩侧土体的剪切变形进行传递的。当桩侧土层为黏性土时，影响桩-土间作用力的主要因素为黏性土体的液性指数，且液性指数与桩侧摩阻力极限值呈正比例的关系；当桩侧土层为砂性土时，影响桩-土间作用力的主要因素为土体的密实度，密实度越大，桩侧摩阻力极限值也就越高；当桩侧土层为冻土时，冻土温度越低，桩-土结合得就越牢固，桩侧摩阻力极限值也就越大。

2.4.1.2　桩-土相对位移

对于桩侧摩阻力而言，桩-土间产生相对位移（或产生相对位移的趋势）是其能够得到发挥的前提条件。施加荷载初期，Q-S 曲线呈直线关系，此时桩-土间的相对位移较小，随着荷载的不断增加，桩-土间的相对位移量也逐渐增大，此时桩身轴向压缩量为沿着桩身向下逐渐减小，所以桩-土间的作用力也是沿着桩身由上到下逐层发挥出来，当荷载达到一定程度后，桩-土间的作用力达到极限状态不再增大即达到稳定值，此时的桩-土相对位移值即临界位移。

2.4.1.3　桩-土界面条件

桩-土界面条件是桩-土间作用力影响因素中最为复杂的。对钻孔灌注桩而言，由于影响因素太多导致桩-土界面条件无法准确把握。影响桩-土界面条件的因素大致归纳为：泥浆稠度、成孔工艺、桩侧土体的扰动程度、清孔时泥浆循环方式等。通常，施工过程中没使用套管的桩，其成桩后桩身侧面较为粗糙，导致桩-土间的作用力相对较大，在冻土地区桩-土间的界面条件更为复杂，还要综合考虑含水率、冻土温度等耦合作用的影响。

2.4.1.4 冻土温度

当桥梁桩基处于普通土体中时，桩身与桩周土体之间作用力受温度的影响是非常小的，但当桩基处于冻土环境中就不一样了，冻土的温度将直接影响桩身与周围土体的作用力，地温条件下土体中的水分由于冻结产生的胶结作用将桩-土连接成了一个整体，同时土体自身抗剪强度也有所增高。竖向荷载作用下，冻土温度越低，桩侧摩阻力所承担的荷载越多。

2.4.2 影响桩端阻力的因素

在桩顶施加荷载的初期，桩端持力层还没有开始压缩，也就是说桩端与力层间的作用力还没有得到发挥，即桩端阻力的为零。随着荷载的不断增加，桩端与持力层间的作用力才开始逐渐发挥。桩端持力层的力学性质对桩端阻力有很大的影响，力学性质越好，桩端阻力极限值越大。当桩身受到轴向作用力而向下发生位移时，桩身会带动桩周土体向下移动，这样就会在桩端断面区域内产生较大的附加应力，从而导致桩端土体产生比原来更大的压缩量，即桩端与持力层之间的作用力也将会增大，同时，桩侧摩阻力的增强，对桩端阻力有很明显的强化作用。

对于基桩而言，影响桩端与持力层之间作用力的因素非常多，比如桩端持力层的性质、桩端进入持力层的深度、成桩效应、冻土温度等因素。具体分析如下。

2.4.2.1 成桩效应

对于钻孔灌注桩来说，在桩基施工过程中桩端土体通常不会受到外力作用而产生压缩或者受到挤压作用，但是会存在桩端土体扰动、存在沉渣、有虚土等现象，这些因素都会导致到桩端阻力极限值的降低。

2.4.2.2 持力层的土类

桩端土的类型对桩端阻力发挥也有一定的影响，当持力层的承载能力较差时，桩端所承担的荷载非常有限，有时甚至可以忽略桩端阻力的作用；随着桩端持力层承载能力的提高，桩端阻力也逐渐发挥。

2.4.2.3　桩基所在区域的冻土温度

桩端阻力的大小还要受到桩基所在区域冻土温度的影响。随着冻土温度的降低，桩基承载力不断提高，桩端阻力也越能得到充分发挥。

本章小结

　　本章对比分析了冻土地区几种常用的桥梁桩基础形式的适用性及优缺点；针对钻孔灌注桩详细阐述了其不同类型的受力特点；分析了桩-土间的冻结强度、荷载的传递机理及桩侧摩阻力、桩端阻力的影响因素。本章为下一步分析桩基回冻前后承载力的变化特性提供了理论支撑。

3 桩周冻土物理力学参数的试验研究

3.1 试验地点概况

　　试验桩位于黑龙江省大兴安岭丘陵低山的岛状多年冻土地区（塔河县境内），试验具体地点如图 3-1 所示，北纬 52°、平均海拔约为 450 m；地表水属于呼玛河水系；年平均气温-2.4 ℃，平均无霜期 98 天，10 ℃有效积温 1276~1969 ℃。根据地质资料试验地点 I 所处区域的岛状多年冻土层厚度为 35 m，试验地点 II 所处区域的岛状多年冻土层厚度为 32 m，冻土上限均距地表 2.1 m 左右，桩侧各土层的分布情况见表 3-1 和表 3-2。

彩图

图 3-1　试验地点所在区域

表 3-1　试验地点 I 桩侧土层分布

土层编号	土层名称	分层厚度/m	含水率/%
1	填土	1.6	6.5

续表 3-1

土层编号	土层名称	分层厚度/m	含水率/%
2	泥炭土	0.5	12.5
3	圆砾	1.6	11.4
4	圆砾含土	3.2	13.4
5	粉质黏土含圆砾	1.0	21.7
6	块石夹土	1.3	12.2
7	强风化凝灰岩	1.4	7.0
8	中风化凝灰岩	4.4	7.0

表 3-2 试验地点 Ⅱ 桩侧土层分布

土层编号	土层名称	分层厚度/m	含水率/%
1	填土	2.1	5.0
2	泥炭土	0.5	13.4
3	粉质黏土	1	18.3
4	圆砾	1.3	13.7
5	圆砾夹土	2	14.8
6	块石夹土	4	15.1
7	强风化花岗岩	2.7	6.5
8	中风化花岗岩	1.4	6.5

3.2　土样的选取

多年冻土地区，由于外界大气环境的影响，地表土层的冻融状态也随着外界温度的改变而产生周期性的变化，即冬季冻结夏季融化，这部分土层被称为季节冻融层；冻土上限以下的土体受外界环境影响较小，土体温度始终低于 0 ℃保持冻结状态，这部分土层被称为多年冻土层。季节冻融层与多年冻土层之间的衔接面称为冻土上限，多年冻土层的底部称为多年冻土下限，多年冻土下限介于多年冻土层和不冻土层之间；多年冻土上下限之间的距离就是多年冻土的厚度。多年冻土地区根据土体冻融状态的土层分类示意图如图 3-2 所示。

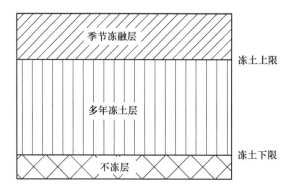

图 3-2　多年冻土地区土层分类示意图

根据前期地勘资料显示，两个试验地点处桩基所在区域的冻土上限均在 2.1 m 左右，从表 3-1 和表 3-2 可以看出，冻土上限以下多年冻土层中的土体主要为圆砾、粉质黏土、粉质黏土含圆砾、圆砾含土、块石夹土及基岩等土（岩）体，由于部分土层取土较为困难，结合现场实际情况，以粉质黏土和圆砾含土两种典型土体为主，开展相关室外、室内试验深入分析桩周冻土的物理力学参数。准确地测出多年冻土的物理力学参数对后面建立岛状多年地区桩-土温度场分析模型及承载力计算模型具有较为重要的意义。

3.3 多年冻土的物理指标

多年冻土的物理指标主要包括天然含水率、天然密度、粒径级配、液塑限、渗透系数等，多年冻土的物理性质指标不仅可以相互影响，同时这些指标的变化还将影响土体的力学性能。

3.3.1 天然含水率

通常土体含水率的测定方法有 3 种，分别为相对密度法、烘干法和酒精燃烧法。本试验采用酒精燃烧法在土样采集现场直接测定冻土的天然含水率，结合《公路土工试验规程》(JTG 3430—2020) 给出土体含水率测定方法，本次采用的酒精燃烧法室外现场测定多年冻土总含水率为冻土中所含冰和未冻水的总质量与干土总质量之比。具体试验步骤如下。

(1) 将现场取出的冻土土样按照四分法原则进行划分，根据冻土结构的均匀程度进行试验土样的称量，试验土样质量定为 1000~2000 g（当冻土结构均匀时试验土样可少取，冻土结构不均匀时土样应多取，以此保证试验结果的可靠性），土样的称量精度为 0.1 g，将称量好的冻土土样放入小铁盆中进行融化。

(2) 将融化好的土样拌匀，倒入酒精进行燃烧烘干，第一遍燃烧烘干后要再倒入酒精进行第二次燃烧烘干，直至试样质量恒重为止。

(3) 燃烧烘干完成后，称取干土质量，土样的称量精度为 0.1 g。

多年冻土含水率的计算公式如下：

$$\omega = \frac{m - m_s}{m_s} \times 100\% \qquad (3\text{-}1)$$

式中　ω——土体天然含水率,%，计算精度到 0.1%；

　　　m——现场取样图的湿质量，g；

　　　m_s——烘干后土样的干质量，g。

冻土含水率测定每种土样做 1 组，每组取两个试样进行平行试验，两个平行试验之间的误差不超过 1%，取其算术平均值。经计算测得各土样的天然含水率见表 3-3。

表 3-3　各土样的天然含水率

土样名称	土样编号	含水率/%	平均含水率/%
粉质黏土	1—1	17.8	17.6
	1—2	17.4	

土样名称	土样编号	含水率/%	平均含水率/%
圆砾含土	1—1	13.3	13.4
	1—2	13.5	

3.3.2　天然密度

多年冻土的天然密度是冻土的基本物理指标之一。冻土密度是计算冻土冻胀、融沉及相关力学性质的重要指标。测定冻土的密度的试验方法有环刀法、电动取土器法、蜡封法、灌水法和灌砂法，由于冻土有一定的强度采用环刀法和电动取土器法无法取出完成试样，蜡封法和灌水法容易导致冻土融化，因此这两种方法也不适用，对比分析各种方法后决定采用灌砂法测定冻土天然密度，采用此种方法最大的优点就在于其可以准确测定出冻土试样的体积。具体试验要求及步骤如下。

（1）本试验优先选择在负温环境中进行，无法到达负温环境时，应快速完成试验，避免冻土试样在试验过程中发生融化。

（2）标定好标准砂的密度 ρ_s，并选择好试验用的标准体积容器，本试验选择的是 10 cm×10 cm×30 cm 的标准试模，试验前先将标准试模中倒满标准砂，称量砂的质量 m，如图 3-2 所示，精确到 0.01 g/cm³。

（3）试验时先将称取土样的质量 m_1，精确到 0.01 g/cm³，再将称好质量的土样放入试模中，快速倒入标准砂，最后砂表面用刮平尺刮平，称取砂与冻土的质量 m_2，精确到 0.01 g/cm³。

灌砂法示意图如图 3-3 所示。

彩图

图 3-3　灌砂法示意图

每种土样进行 1 组试验，每组两个试样，两个平行试样测定结果的差值不得大于 0.03 g/cm³，取两个试样的平均值作为最终试验结果。采用灌砂法，按式（3-2）和式（3-3）计算冻土样的密度。

$$V = \frac{m - (m_2 - m_1)}{\rho_s} \times 100\% \tag{3-2}$$

$$\rho = \frac{m_1}{V} \tag{3-3}$$

式中　V——冻土试验的体积，cm³；

　　m——标准试模中标准砂的质量，g；

　　m_1——冻土土样质量，g；

　　m_2——标准试模中冻土土样与标准砂的总质量，g；

　　ρ_s——标准砂密度，g/cm³；

　　ρ——冻土密度，g/cm³。

经计算各土样的天然密度见表 3-4。

表 3-4　各土样的天然密度

土样名称	编号	密度/(g·cm⁻³)	平均密度/(g·cm⁻³)
粉质黏土	2—1	1.472	1.463
	2—2	1.454	
圆砾含土	2—1	1.757	1.751
	2—2	1.745	

3.3.3　颗粒分析

冻土中土体的粒径分布影响着土体的结构特征，颗粒组成也是进行土体定名及分类的重要依据。同一种土不同的颗粒组成其工程性质有明显的差异，根据《公路土工试验规程》（JTG 3430—2020），有两种方法可以测定出土体的颗粒组成：第一种是筛分分析法，适用于粗颗粒土，要求土体粒径大于 0.075 mm、小于 60 mm；第二种是沉降分析法，适用于细颗粒土，要求粒径小于 0.075 mm；当土体颗粒较为复杂时，既有粗颗粒又有细颗粒时，可以将两种方法结合使用。本试验的两种土体分别为圆砾含土和粉质黏土，由于圆砾含土的颗粒相对较粗，颗粒分析采用筛分与沉降分析（密度计法）相结合的方法进行分析；粉质黏土采用沉降分析（密度计法）进行分析。具体试验步骤详见《公路土工试验规程》（JTG 3430—2020）。

　　采用密度计法进行土体颗粒分析时，由于土体颗粒的大小存在差异，在水中的沉降速度也略有不同，粒径越大，沉降速度越快。土体中小于某粒径的颗粒质量占总试样质量的百分比的计算见式（3-4），颗粒粒径的计算见式（3-5）。

$$X = \frac{100}{m_d} C_G (R + m_T + n - C_D) \tag{3-4}$$

式中　X——小于某粒径试样质量占试样总质量的百分数,%；
　　　m_d——试样干质量；
　　　C_G——土颗粒相对密度矫正值；
　　　n——弯月面校正值；
　　　m_T——悬液温度校正值；
　　　C_D——分散剂校正值；
　　　R——乙种密度计度数。

试样颗粒粒径应按式（3-5）计算：

$$d = \sqrt{\frac{1800 \times 10^4 \cdot \eta}{(G_s - G_{wT})\rho_{wT}g} \cdot \frac{L}{t}} \tag{3-5}$$

式中　d——试验颗粒粒径，mm；
　　　η——水的动力黏滞系数，10^{-6} kPa·s；
　　　G_{wT}——T ℃时水的相对密度；
　　　ρ_{wT}——4 ℃时纯水的密度，g/cm^3；
　　　t——沉降时间，s；
　　　g——重力加速度，cm/s^2；
　　　L——某一时间内的土颗粒沉降距离，cm。

TM-85 土壤密度计的沉降距离校正式为：

$$L = a - bR \tag{3-6}$$

式中　R——乙种密度计度数；
　　　a, b——系数值，见各密度计检测证书。

　　对两种土样进行颗粒分析，试验过程如图 3-4 和图 3-5 所示，试验结果见表 3-5，圆砾含土级配曲线如图 3-6 所示，粉质黏土级配曲线如图 3-7 所示。

彩图

图 3-4　冷却煮沸后的悬液

彩图

图 3-5　沉降分析

表 3-5　土样的颗粒分析试验结果

土样编号		孔径 D/mm						
		5	2	1	0.5	0.25	0.075	0.002
土样质量 分数/%	圆砾含土	100	75.1	54.5	40.4	23.1	12.2	4.8
	粉质黏土	100	98.1	93.1	88.9	70.8	56.8	10.6

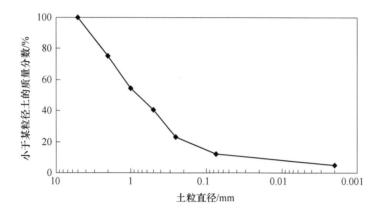

图 3-6 圆砾含土级配曲线

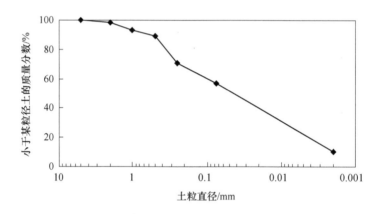

图 3-7 粉质黏土级配曲线

根据两种土样的级配曲线，按式（3-7）和式（3-8）计算土样的两个级配指标，计算结果见表 3-6。

（1）不均匀系数 C_u。

$$C_u = \frac{d_{60}}{d_{30}}$$ (3-7)

（2）曲率系数 C_c。

$$C_c = \frac{d_{30}^2}{d_{10} \times d_{60}}$$ (3-8)

式中 d_{60}——限制粒径，即土中小于该粒径的颗粒质量为 60% 的粒径，mm；

       d_{10}——有效粒径，即土中小于该粒径的颗粒质量为 10% 的粒径，mm；

       d_{30}——土中小于该粒径的颗粒质量为 30% 的粒径，mm。

表 3-6　级配指标计算表

土样标号	不均匀系数 C_u	曲率系数 C_c
圆砾含土	5.03	0.86
粉质黏土	5.24	3.81

　　土样中的不同粒径颗粒的分布情况可以用不均匀系数 C_u 的大小来进行判断，C_u 的值越高，说明土样中不同粒径颗粒的分布范围越大，土颗粒的级配情况较好，相反，C_u 的值越低，说明土样中不同粒径颗粒的分布范围越小，土颗粒的级配情况较差。曲率系数 C_c 体现了整个级配曲线的形状，可以直接反映出级配曲线的分布范围，也可以通过土样 C_c 值的大小来判断土体的级配情况，当土体不均匀系数 $C_u < 5$ 时，可认为土体为匀粒土，其粒径分布较为集中，级配情况不良；当土体不均匀系数 $C_u > 10$ 时，土体粒径分布范围较大，级配较好。如果仅用不均匀系数 C_u 无法单独判断土体的级配情况时，就需要结合曲率系数的数值，通过级配曲线的整体形状，综合判断土体的级配情况。当土体颗粒既满足曲率系数 $C_c = 1 \sim 3$ 又满足不均匀系数 $C_u > 5$ 这两个条件时，即可判断土样级配良好；如不能同时满足以上这两个条件时，可判断土体为级配不良土。由表 3-6 可以看出，圆砾含土、粉质黏土这两种土样的不均匀系数 C_u 均大于 5，但曲率系数 C_c 均不为 $1 \sim 3$，综合判断这两种土均属于级配不良土。

3.3.4　土体液塑限

　　在含水率的影响下，土体的性状也随着水分的多少而发生着改变，土体从流动状态转变到固态状态通常要经历塑性、可塑、半固态等几个物理状态，当土体中含水率较大时，土样表现为流动状态；随着土体中含水率的降低，土体也逐渐从流动状态转变到塑性状态；当土体的含水率继续降低时，土体的性状也从可塑状态转变到半固态最终转变到固态状态。土体到达不同物理状态时分界点对应的含水率称为界限含水率，液限 ω_L 即为土体由流动状态转变为可塑状态时对应的界限含水率；塑限 ω_P 即为土体由可塑状态转变到半固体状态时对应的界限含水率。塑性指数 $I_p (I_p = \omega_L - \omega_P)$ 表示土体液限与塑限之间含水率的变化范围，塑性指数越大，土体的可塑性就越好，塑性指数也是判断土体水理性质及土体定名的一个重要指标，土体的塑性指数受到黏性颗粒的影响，黏性颗粒含量越多，塑性指数越大，相反，黏性颗粒含量越低，塑性指数越小。本试验对土样采用液限和塑限联合测定法进行了试验，具体试验步骤参照《公路土工试验规程》(JTG

3430—2020）液限和塑限联合测定法，试验过程照片如图 3-8 和图 3-9 所示，在经过多次试验后得出的结果见表 3-7。

彩图

图 3-8　试验试件

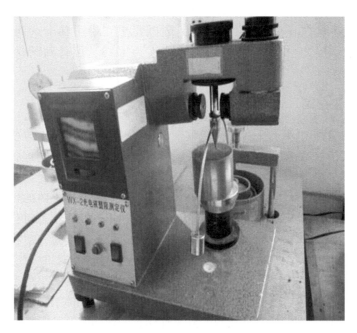

彩图

图 3-9　液限和塑限试验

表 3-7 液、塑限试验结果

土体名称	液限/%	塑限/%	塑性指数/%
圆砾含土	17.1	10.5	6.6
粉质黏土	29.7	17.8	11.9

从表 3-7 两种土样的液、塑限试验结果可以看出，粉质黏土的液限、塑限、塑性指数都明显大于圆砾含土，这是因为粉质黏土中的细粒含量较高，见表 3-5，细粒含量越多，土颗粒的比表面积越大，表面活性也就越强，同时粉质黏土中细颗粒的分散程度也相对较高，亲水性矿物含量较多，颗粒表面与水分子形成的结合水膜也较厚，结合水膜越厚土体的液限、塑限、塑性指数也就越大。

3.3.5 矿物颗粒相对密度

土体相对密度定义是在 105~110 ℃温度条件下将试验用土样烘干至恒重时的质量与 4 ℃条件下相同体积蒸馏水质量的相对比值。《公路土工试验规程》（JTG 3430—2020）中规定试验土样颗粒大小不同相对密度试验所采用的方法也不同，相对密度试验有相对密度瓶法、浮力法和虹吸筒法。各种试验方法的适用范围分别为：相对密度瓶法适用于土体颗粒粒径小于 5 mm 的土体；浮力法适用于土体颗粒粒径大于 5 mm 且土体中超过 20 mm 粒径的颗粒质量不大于总土样质量 10%的土体；虹吸筒法适用于土体颗粒粒径不小于 20 mm 的颗粒含量不小于10%的土体；对于土颗粒粒径分布范围较大的土体应将粗、细粒土分开分别测定其相对密度，然后取加权平均值作为最终试验结果。

由于本试验所用的土样粒径均小于 5 mm，因此采用相对密度瓶法测定土体颗粒相对密度，具体试验步骤参照《公路土工试验规程》（JTG 3430—2020）相对密度瓶法。土粒相对密度按式（3-9）进行计算，试验图片如图 3-10 所示。

$$G_s = \frac{m_s}{m_1 + m_s - m_2} \times G_{wt} \qquad (3-9)$$

式中　G_s——土的相对密度，计算至 0.001；

　　　m_s——干土质量，g；

　　　m_1——瓶、水总质量，g；

　　　m_2——瓶、水、土总质量，g；

　　　G_{wt}——t ℃时蒸馏水的相对密度，计算至 0.001。

彩图

图 3-10　土体相对密度试验

　　本试验进行了两次平行试验，取其算术平均值，以两位小数表示，其平行差值不得大于 0.02，试验结果见表 3-8。

表 3-8　土体相对密度试验结果

土样名称	编号	相对密度	平均相对密度
粉质黏土	3—1	2.052	2.046
	3—2	2.040	
圆砾含土	3—3	2.476	2.472
	3—4	2.468	

3.3.6　土体渗透性试验

　　渗透是指土体中的水分在重力的作用下沿着土颗粒空隙产生运动的现象，通常用渗透系数来衡量土体的渗透性。

　　测定土体渗透系数（k 值）通常有两种方法，分别为常水头渗透试验和变水头渗透试验。两种试验方法所采用的试验仪器及适用范围不同，试验仪器如图 3-11 和图 3-12 所示，砂性土等颗粒粒径较大的土体通常采用常水头渗透试验法测定土体渗透系数，黏性土等颗粒粒径较大的土体通常采用变水头渗透试验法测定土体渗透系数。

彩图

图 3-11 TST-70 型常水头渗透仪

彩图

图 3-12 TST-55 型变水头渗透仪

本次试验，圆砾含土由于颗粒较粗采用常水头渗透试验、粉质黏土颗粒较细采用变水头渗透试验，具体试验步骤依据《公路土工试验规程》（JTG 3430—2020）常水头渗透试验、变水头渗透试验。在计算渗透系数时，常水头渗透试验计算公式见式（3-10）、变水头渗透试验计算公式见式（3-11），同时量出渗透仪出水口处水温，对测试结果做出温度修正，试验结果见表 3-9。

$$k_t = \frac{QL}{AHt} \qquad (3\text{-}10)$$

式中　k_t——水温 $t\,\degree\!C$ 时的试样渗透系数，cm/s；

　　　L——两测压孔中心间的试样高度，cm；

　　　A——试样的过水面积，cm^2；

　　　t——时间，s；

　　　H——平均水位差，cm。

$$k_t = 2.3\,\frac{aL}{A(t_2 - t_1)}\lg\frac{H_1}{H_2} \qquad (3\text{-}11)$$

式中　k_t——水温 $t\,\degree\!C$ 时的试样渗透系数，cm/s；

　　　a——变水头管的断面面积，cm^2；

　　2.3——ln 和 log 的变换因数；

　　　L——试样高度，cm；

　　　A——试样的过水面积，cm^2；

　t_1，t_2——分别为测读水头的起始和终止时间，s；

　H_1，H_2——分别为起始和终止水头，cm。

表 3-9　土的渗透试验结果

土样名称	渗透系数/$(\mathrm{cm}\cdot\mathrm{s}^{-1})$
圆砾含土	4.2×10^{-4}
粉质黏土	9.8×10^{-6}

由表 3-9 可以看出，粉质黏土的渗透系数小于圆砾含土的渗透系数，这是由于粉质黏土中 0.075 mm 以下的细粒含量较高，见表 3-3。在制备试验试件击实过程中细颗粒充分填充了粗颗粒间的空隙，使颗粒彼此嵌挤，水分流通的空隙变小，土体密实度增大孔隙比减小。同时，土颗粒间的作用力也与土样密实度有着直接关系，土体越密实彼此间的吸引力和作用力就越大，这也使得自由水在土体颗粒空隙间进行渗透时所受到的阻力增大，因此粉质黏土的渗透系数要小于圆砾含土的渗透系数。

3.4 多年冻土主要力学参数

冻土的力学性能是指冻土在外荷载作用下所表现出来的特性，冻土的力学性质是其工程性质的最重要的一个组成部分。土的力学参数包括变形和强度两方面，本书主要通过冻土的融沉及压缩系数、单轴抗压强度和抗剪强度这三个主要参数详细分析冻土的相关力学性能。

3.4.1 融沉及压缩试验

本试验目的是测定冻土的融沉系数和融化压缩系数，试验采用自然沉降测得融沉系数，利用固结仪计算冻土的融化压缩系数。参考《公路土工试验规程》（JTG 3430—2020）冻土融化压缩试验的规定，将试验用试样在负温条件下进行制备，切样和装样分别在低温冰箱中进行，制备试件过程中试样表面未发生融化。

试验要求及步骤如下。

（1）切样过程中，原状土高度必须大于试样环高度。将制备好试验试件后剩余的冻土取样测定其含水率。为了保证试验数据的真实和准确性，制备试验试件时必须保持试样的层面与原状土保持一致，且不得上下倒置或倾斜。

（2）先将一块透水板放在融化容器的底面上，并在透水板上放一张润湿的滤纸，再将带有切好试验试件的试样环放在滤纸上，最后在试样顶面再放一张润湿的滤纸和一块透水板，使其自然沉降。分别记录 1 min、2 min、5 min、10 min、30 min、60 min 的变形量，以后每 2 h 观测 1 次，直至变形量在 2 h 内小于 0.05 cm 为止，并测记最后 1 次变形量。

（3）融沉稳定后，开始加载进行压缩试验。

（4）荷载等级按照 25 kPa、50 kPa、100 kPa、200 kPa、300 kPa 和 400 kPa进行加载，直至施加荷载 24 h 后，位移变化量稳定为止，并测记相应的压缩量。

冻土融沉系数计算公式如下：

$$a_0 = \frac{\Delta h_0}{h_0} \times 100 \tag{3-12}$$

式中 a_0——冻土融化系数,%, 计算精确至 0.001;

Δh_0——冻土融化下沉量, cm;

h_0——冻土试样初始高度, cm。

冻土试样初始空隙比计算公式如下：

$$e_0 = \frac{\rho_w G_s(1 + 0.01\omega)}{\rho_0} - 1 \qquad (3\text{-}13)$$

式中　e_0——冻土试样初始空隙比，计算精确至 0.001；

　　　ρ_w——水的密度，g/cm^3；

　　　ρ_0——试样的初始密度，g/cm^3；

　　　G_s——土颗粒相对密度；

　　　ω——试样含水率。

融沉稳定和某级压力下压缩稳定后的空隙比计算公式如下：

$$e = e_0 - (h - \Delta h_0) \frac{1 + e_0}{h_0} \qquad (3\text{-}14)$$

$$e_i = e - (h - \Delta h) \frac{1 + e}{h} \qquad (3\text{-}15)$$

式中　e，e_i——分别为融沉稳定后和压力压缩稳定后的孔隙比；

　　　e_0——冻土试样初始孔隙比；

　　　h，h_0——分别为融沉稳定后和初始试样高度，cm；

　　Δh，Δh_0——分别为压力作用下稳定后的下沉量和融沉下沉量，cm。

某一压力范围内的冻土融化压缩系数计算公式如下：

$$a = \frac{e_i - e_{i+1}}{p_{i+1} - p_i} \qquad (3\text{-}16)$$

式中　a——某级压力范围内的冻土融化压缩系数，MPa^{-1}，计算精确至
　　　　0.01 MPa^{-1}；

　p_{i+1}，p_1——分级压力值，kPa；

　e_{i+1}，e_i——与级别压力相应的孔隙比。

冻土融沉及压缩试验结果见表 3-10。

表 3-10　冻土融沉及融化压缩系数

土样名称	融沉系数/%	融化压缩系数/MPa^{-1}
圆砾含土	13.6	0.164
粉质黏土	17.9	0.281

3.4.2　抗剪强度

土体的抗剪强度是衡量冻土力学性质的一个重要指标，例如多年冻土地区的

桥梁桩基础，在外荷载作用下，桩基产生的沿剪切面的破坏，就是由于作用在这个面上的剪应力达到某一极限值（等于极限抗剪强度）所引起的。因此，可把抗剪强度 τ 看作冻土强度的标准，计算公式见式（3-17）。

$$\tau = f(\theta,\ \omega,\ \sigma,\ t) \tag{3-17}$$

式中　θ——土的负温度，℃；

　　　ω——冻土含水率，%；

　　　σ——外部压力，kN；

　　　t——荷载作用时间，min。

与普通的融土类似，冻土的抗剪强度同样包括冻土的黏聚力和内摩擦角两个指标。而且同样符合摩尔库仑定律，即：

$$\tau = C(\theta,\ \omega,\ t) + \sigma\tan\varphi(\theta,\ \omega,\ t) \tag{3-18}$$

式中　$C(\theta,\ \omega,\ t)$——冻土黏聚力，MPa；

　　　$\varphi(\theta,\ \omega,\ t)$——冻土的内摩擦角，（°）。

这里的 C 和 φ 值都是温度、含水率和荷载作用时间的函数。冻土抗剪强度与荷载作用时间的关系可用式（3-19）表示：

$$\tau_s = \frac{\beta}{\ln\dfrac{t_s}{B}} \tag{3-19}$$

式中　τ_s——冻土的长期抗剪强度，MPa；

　β，B——试验参数；

　　　t_s——荷载作用时间，min。

本次采用应变控制式直剪仪测定土的抗剪强度，用环刀切取原状土样，为了研究不同低温环境下土体的抗剪强度，试验温度分别设定为-3 ℃、-2 ℃ 和 -1 ℃。为了保证试验的准确性，试验用剪切盒与试件一同放入设定好温度的低温箱中，试验时从低温箱中取出进行快速剪切试验，试验速度设定为 0.8 mm/min。具体试验步骤参考《公路土工试验规程》（JTG 3430—2020）砂土的直剪试验。

剪应力换算公式如下：

$$\tau = CR \tag{3-20}$$

式中　τ——剪应力，kPa，计算精确至 0.1 kPa；

　　　C——测力计校正系数，kPa/0.01 mm。

剪切试验及剪坏破坏后冻土土样分别如图 3-13 和图 3-14 所示，剪切试验结果见表 3-11。

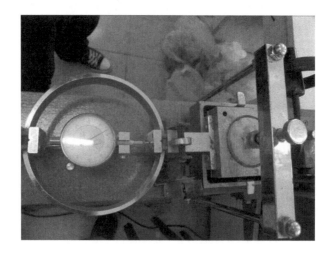

彩图

图 3-13 冻土剪切试验

彩图

图 3-14 剪切破坏后的试样

表 3-11 剪切试验结果

土样名称	含水率/%	试验温度/℃	黏聚力/kPa	内摩擦角/(°)
圆砾含土	12.3	−1	88	30
		−2	118	32
		−3	135	33

土样名称	含水率/%	试验温度/℃	黏聚力/kPa	内摩擦角/(°)
粉质黏土	15.4	−1	98	17
		−2	123	19
		−3	142	22

温度是影响冻土抗剪强度的一个重要因素，从表 3-11 中可以看出，两种土样都存在一个相同的规律，就是随着冻土温度的降低土体的内摩擦角和黏聚力都有不同程度增长，负温越低，则冻土的抗剪强度越高，这是由于冻土中冰的胶粘连接作用所导致的。从表 3-11 中还可以看出，当温度从−1 ℃下降到−3 ℃时，圆砾含土的黏聚力由 88 kPa 增长到了 135 kPa，增长幅度为 53.4%，但此时内摩擦角从 30°上升到了 33°，增长幅度仅为 10%；粉质黏土的黏聚力由 98 kPa 增长到了 142 kPa，增长幅度为 44.8%，内摩擦角从 17°上升到了 22°，增长幅度为 29.4%。同一种土体在相同压实度和含水的条件下，土体黏聚力主要与土颗粒间的结合力有关，内摩擦角主要与土体颗粒的粗糙程度有关。试验结果说明，在负温条件下随着温度的逐渐降低，土颗粒表面的结合水不断冻结，未冻水含量的降低使得土体颗粒间相互结合力进一步提高，但土颗粒的表面粗糙程度未发生变化，因此黏聚力的变化受温度的影响较大，内摩擦角的变化受温度的影响相对较小。

3.4.3 单轴抗压强度

单轴抗压强度也是研究冻土力学性质的一个重要指标，冻土抗压强度与抗剪强度一样也是温度、含水率和荷载作用时间的函数，即：

$$\sigma = f(\theta, \ \omega, \ t) \tag{3-21}$$

式中 σ——抗压强度，MPa。

本次试验采用重塑土，根据试验结果，圆砾含土的最大干密度为 1.928 g/cm^3、最佳含水率为 8.4%；粉质黏土的最大干密度为 1.647 g/cm^3、最佳含水率为 12.1%。经换算原状态冻土的压实度约为 77%，为了模拟现场的实际情况，制备的试验试件的压实度均为 80%，试验含水率以每种土最佳含水率±3%为梯度，同时为了研究不同低温环境下土体的抗压强度，试验温度分别设定为−3 ℃、−2 ℃和−1 ℃。为了保证试验的准确性，试验用试件要提前放入设定好温度的低温箱中，试验时从低温箱中取出进行抗压试验，试验速度设定为轴向应变 3%/min，本次采用万能压力机作为冻土无侧限单轴抗压强度测试的加载设备。具体试验步骤及试件尺寸参考《公路土工试验规程》(JTG 3430—2020) 细粒土无侧限抗压试验的规定。具体试验结果如图 3-15 和图 3-16 所示。

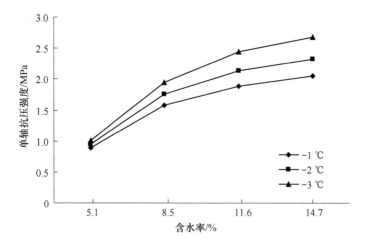

图 3-15　圆砾含土抗压强度试验结果

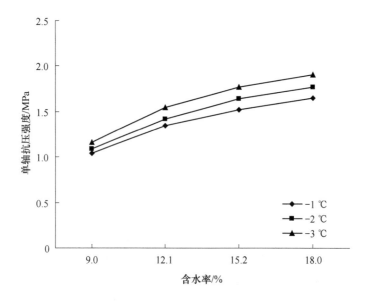

图 3-16　粉质黏土抗压强度试验结果

　　冻土温度是影响冻土强度的一个重要因素，从图 3-15 和图 3-16 可以看出，随着温度的降低，冻土单轴抗压强度均有不同程度的升高。分析其原因，导致温度降低，冻土强度提高的原因主要有两个：第一个原因就是在土体温度不断降低的条件下，土颗粒的表面有更多的未冻水冻结成冰，水冻结成冰所产生的胶结作用使冻土颗粒之间结合得更加牢固，土体抗压强度得到提高；第二个原因就是在由于土体温度的不断降低，使冰晶分子结构中的氢原子活动性逐渐减小，从而导致冰自身的强度不断增大，土体的整体强度也不断增加。

冻土的单轴抗压强度与土体中的含水率也存在着一定的关系，从图 3-15 和图 3-16 可以看出，在相同冻结温度条件下，随着含水率的增加，土体的抗压强度不断提高，这是由于，温度越低，土体中的含冰率越大，从而使土体中有更多的颗粒被胶结，抗压强度提高。在相同含水率的条件下，从以上两个表中也可以看出，当含水率较小时，不同温度对应的抗压强度值非常接近，这说明低含水率时，冰的胶结作用有限，冻土的整体抗压强度主要还是由土颗粒与土颗粒之间的嵌挤作用提供的，因此彼此间的抗压强度相差不大，但随着含水率的增大，冰胶结作用的不断增强，不同温度对应的抗压强度值相差较大，但从理论上讲，当冻土中的含水率达某一值后（相当于土孔隙全部被冰充填），冻土强度逐渐趋于一个定值。

本章小结

　　本章结合室内与室外试验，测定了桩基所在区域典型土层的天然密度、含水率、液塑限、相对密度、渗透系数等物理参数；在不同低温条件下测出了冻土土样的内摩擦角、黏聚力等力学参数，分析了冻土单轴抗压强度、抗剪强度随土体温度的变化规律，为桩基动静载试验及建立有限元分析模型提供了数据支撑。

4 桩基回冻进程的动态监测与分析

4.1 桩基温度监测系统的构成与布设

为了准确掌握桥梁混凝土钻孔灌注桩的回冻时间，在每个试验地点浇筑的 3 根 15 m 长试验桩中的 1 根处布设了智能温度观测系统，动态观测桥梁桩基浇筑完成后的回冻进程，分析桩基及周围土体的回冻规律。试验桩参数见表 4-1。

表 4-1　试验桩参数

试验地点	试桩编号	桩径/m	桩长/m	桩身强度等级
Ⅰ	1、2（测温）、3	1.2	15	C30
Ⅱ	4、5（测温）、6	1.0	15	C30

4.1.1 温度系统的构成

观测系统由下位机和上位机两部分构成，系统结构如图 4-1 所示。下位机包括测温管、单片机、太阳能供电系统和无线传输系统，下位机的功能是单片机根据预设的时间进行桩基温度的采集并通过无线传输系统将数据传输至上位机。上位机包括计算机和数据接收平台，其功能是接收数据并对数据进行处理生成文本文件。本套智能型监测系统的最大优点就是可以通过设定单片机的数据采集时间实现温度的动态监控，同时本观测系统采用了太阳能独立供电系统保证了单片机在冬季持续低温环境下的工作连续性和稳定性。

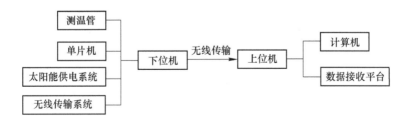

图 4-1　温度监测系统结构示意图

　　为了掌握温度智能监测系统采集数据的可靠性，在室内做了验证试验，将系统自动采集的数据与温度计实测温度进行了对比，结果如图 4-2 所示，最大温度差异为 0.31 ℃，最小温度差异为 0.02 ℃，相关性系数为 0.9994，说明该系统采集的温度数据可靠。

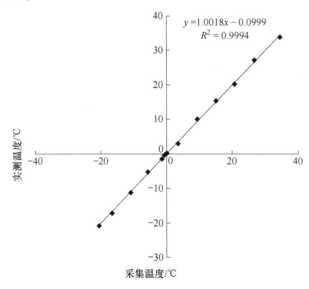

图 4-2　温度对比图

4.1.2　桩基温度监测系统的组建

　　温度传感器采用的是 Ds18b20 电阻式感温元件，如图 4-3 所示，感温元件外

彩图

图 4-3　Ds18b20 电阻式感温元件

用不锈钢筒进行防水封装，并在其内部填充导热材料，封装好的温度传感器如图 4-4 所示，温度传感器的温度采集范围为 $-55 \sim 125\ ℃$，其精度为 $\pm 0.02\ ℃$。

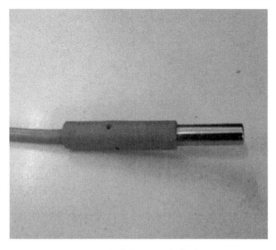

彩图

图 4-4　封装好的温度传感器

　　测温管利用 PVC 管做成，如图 4-5 所示，温度管的制作首先要将整个直径为 5 cm 的圆管从中线处分开，在一侧 PVC 管壁上根据传感器布设方案打孔固定 Ds18b20 电阻式温度传感器，各个传感器采用三芯线进行连接（电线连接处用绝缘及防水胶带进行缠绕），如图 4-6 所示，传感器与管壁之间的空隙用防水材料进行填充，如图 4-7 所示。传感器固定好后将分离的两个管片重新拼接，接缝处涂抹玻璃胶进行防水处理并用发泡剂填充测温管中的空隙，如图 4-8 所示，制作好的测温管剖面示意图如图 4-9 所示。

彩图

图 4-5　PVC 管

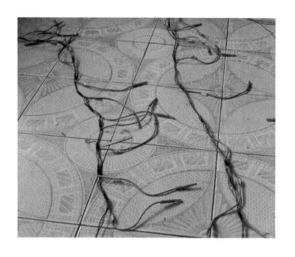

彩图

图 4-6　连接完成的温度传感器

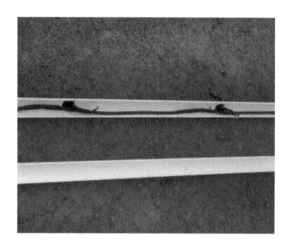

彩图

图 4-7　防水处理

　　Ds18b20 电阻式感温元件具有良好的感温性，它可以直接与桩及周围土体接触，将测得的温度数据以二进制电子码信号的形式传送给单片机。单片机如图 4-10 所示，单片机是这套智能温度观测系统的核心，集成了主控芯片、时钟、无线传输模块、数据存储芯片、供电接口及插入式数据接口等，设定好采集时间后，单片机可以自进行温度数据的采集与保存，单片机上集成的无线传输模块内装入了手机卡并通过 GSM 网络将数据传输给上位机。无线传输模块采用能够适应高寒地区室外恶劣环境，工作环境的温度要求为 -40 ~ 85 ℃、环境湿度不大于 95%。

彩图

图 4-8 测温管空隙填充

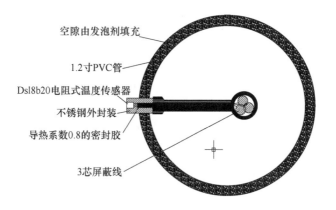

图 4-9 测温管剖面示意图

(1 寸 ≈ 33.33 mm)

为了保证数据采集的连续性,加入了太阳能供电系统,太阳能供电系统主要由太阳能电池板、控制器和蓄电池 3 部分组成,如图 4-11 所示,为了保证单片机和太阳能蓄电池的安全及工作稳定性,将其放入了预先订制好的保护箱中,如图 4-12 所示,保护箱具有防水和保温的作用,现场组建好的温度监测系统如图 4-13 所示。

4.1.3 桩基温度监测系统的现场布设

由于两处试验地点处温度监测系统布设相同,以试验地点 Ⅰ 为例进行具体说明,现场布设了 A、B 两根测温管,测温管 A 用于成桩后监测桩身内部的温度变化,测温管 B 用于监测桩基所处地段的冻土地温,温度监测系统平面及立面布设如图 4-14 和图 4-15 所示。测温管 A 与桩同长为 15 m,由 16 个温度传感器并联

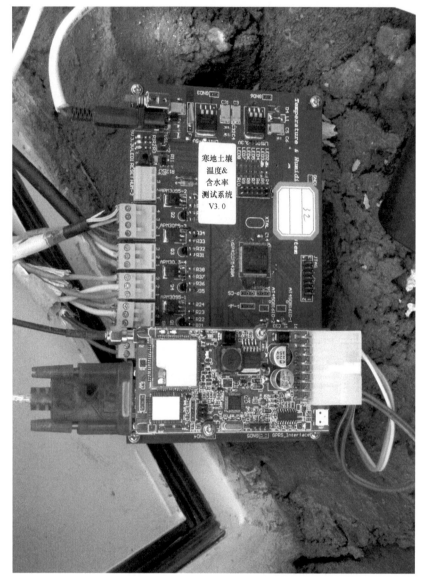

彩图

图 4-10　单片机

组成，直接绑扎在钢筋笼上，第一个温度传感器在桩的顶端，其余传感器沿桩身每隔 1 m 布设一个；位于距桩边缘 1 m 处，测温管 B 长 15 m，由 16 个温度传感器并联组成，第一个温度传感器在地面，其余温度传感器每隔 1 m 布设一个。为了掌握桩基所在区域的冻土上限，在测温管 B 上的 1.5~2.5 m 进行了温度传感器的加密布设，每 10 cm 布设一个，温度监测系统从成桩当天开始采集温度数据，温度采集时间设置为每天 14:00。

彩图

图 4-11 太阳能供电系统

彩图

图 4-12 设备保护箱

彩图

图 4-13 温度监测系统

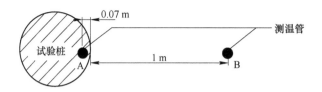

图 4-14　温度监测系统平面布置图

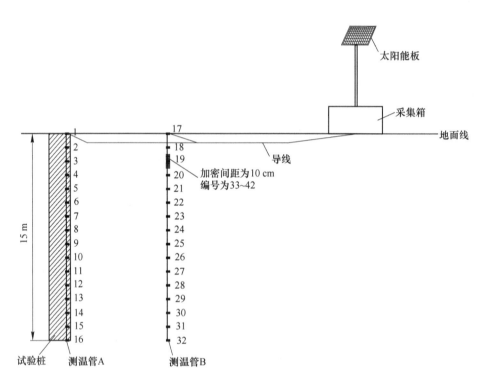

图 4-15　温度监测系统立面布置示意图

4.2 桩基温度变化分析

2个试验地点处试验桩 2、5 浇筑完成后桩身内各测点回冻过程中温度随时间变化的曲线分别如图 4-16 和图 4-17 所示，其编号相对应的竖向位置立面图如图 4-15 所示。

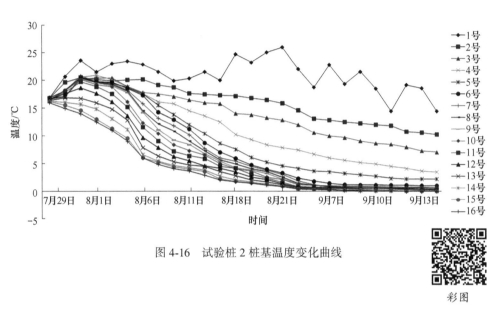

图 4-16 试验桩 2 桩基温度变化曲线

彩图

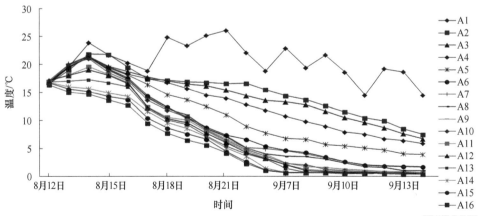

图 4-17 试验桩 5 桩基温度变化曲线

彩图

对比图 4-16 和图 4-17 可以看出，两根试验桩的温度变化规律基本相似，因以试验桩 2 为例进行详细分析。从图 4-16 可以看出，成桩后各测点温度受外界大气影响程度有所不同，其中 1 号传感器的温度波动最为明显，这是由于该传感器布设于桩顶受外界大气环境影响较大，根据当地相关气象资料表明，1 号传感器与外界大气的温度变化趋势基本相同；2～4 号传感器距离桩顶分别为 1 m、2 m 和 3 m，从图 4-16 看，这 3 个深度处的温度依然受到外界大气的影响，但随着深度的增加，影响程度明显降低；5～16 号温度传感器均位于冻土上限以下，温度下降幅度较大并逐渐趋向于冻土地温，大气温度波动对 5 号以下桩基温度变化基本无影响。

桩基在浇筑完成时，各个测点的初始温度相差较小，由图 4-16 可以看出，试验桩 2 各测点温度集中在 16.4 ℃左右（入模温度）。在外界环境、桩身混凝土水化热及冻土地温的影响下，各个测点的温度逐渐发生改变，成桩后 1～12 号传感器所测温度均有不同程度的增长，这是由于桩身水泥混凝土的硬化是一个热量释放的过程，桩基在水化热的作用下温度升高。桩身内受大气环境影响相对较小的 4～12 号测点的温度在成桩后 2～3 天内均达到了最高值，其中 4 号传感器于 8 月 1 日达到了 20.9 ℃，是所有测点在整个监测过程中温度的最高值，这也表明水泥混凝土的水化热作用达到了一个峰值，此后水化热作用逐渐减弱，8 月 5 日左右，各测点温度开始出现大幅下降，到了 8 月下旬各个测点的温度趋于稳定，下降幅度变小，表明此时水泥混凝土的水化热作用基本结束，桩及周围土体在地温的作用下开始缓慢回冻。13～16 号传感器温度始终在下降，这种现象是由于这 4 个温度测点距离桩底较近，桩底处热量散失面积大，温度向横、竖两个方向同时传递，越靠近桩底温度散失越快。

桩身水泥混凝土的水化热对冻土地温产生热扰动，随着水化热作用的结束，桩身及周围土体在冻土地温作用下重新达到一个热平衡状态。从图 4-16 可以看出，从 9 月初开始，冻土上限以下的桩基各测点温度大部分集中为 0.1～3 ℃，在冻土地温作用下逐渐开始冻结，桩底 16 号传感器于 9 月 9 日最先降到 0 ℃以下，以桩底开始冻结的时间为起点，桩身不同深度处的 0 ℃冻结线如图 4-18 所示。

从图 4-18 可以看出，桩基在地温的作用下首先自下而上开始冻结，每米的冻结时间为 4～10 天，此时是一个单向的冻结过程；当 10 月中旬外界气温降低至 0 ℃以下，桩顶处土体由上至下开始冻结，此时桩基处于双向冻结的过程，由上下两个方向同时向桩身中部冻结，在 11 月 13 日桩身内测温管 A 所有传感器读数均为负值，这说明整根桩温度降到 0 ℃以下。

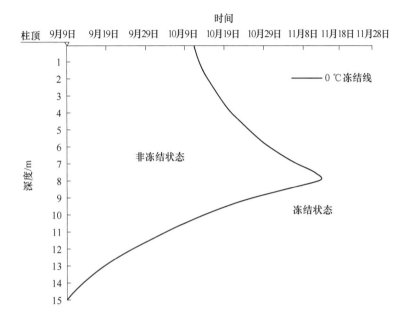

图 4-18　桩身冻结时间示意图

　　试验地点 I 处测温管 B 距离试验桩边缘 1 m，提前埋设在指定位置处，埋深 15 m 主要测量试验桩所处地段的冻土地温并结合测温管 A 综合判断试验桩基回冻进程。在冻土地温影响下桩基逐渐回冻，试验桩 2 处布设的测温管 A、B 距离地表 4 m、8 m、12 m 和 15 m 处桩基回冻过程中不同时点对应的温度分别如图 4-19~图 4-26 所示。

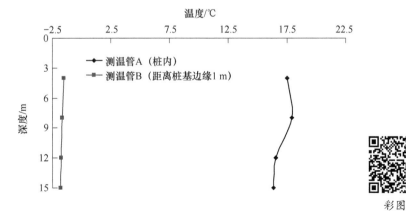

彩图

图 4-19　1 天后桩基温度变化曲线

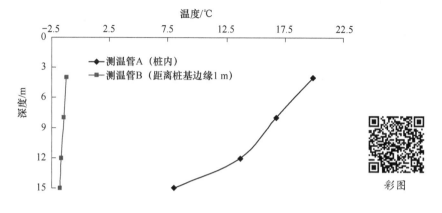

图 4-20　5 天后桩基温度变化曲线

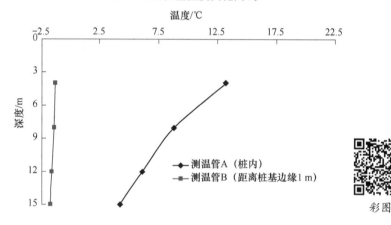

图 4-21　10 天后桩基温度变化曲线

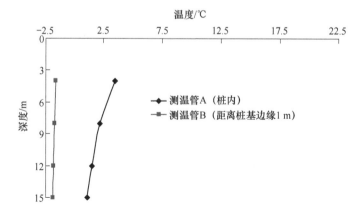

彩图

图 4-22　30 天后桩基温度变化曲线

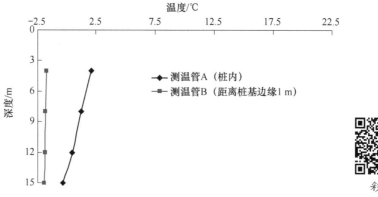

彩图

图 4-23　60 天后桩基温度变化曲线

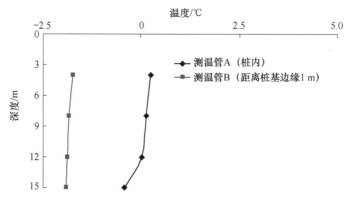

彩图

图 4-24　90 天后桩基温度变化曲线

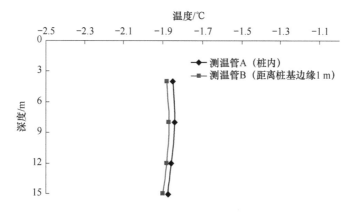

彩图

图 4-25　120 天后桩基温度变化曲线

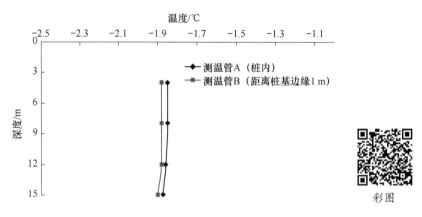

图 4-26　150 天后桩基温度变化曲线

从图 4-19~图 4-26 中可以看出，以桩基浇筑完成为起始点，1 天后，桩身内由于水化热的作用桩基温度逐渐升高，同时热量不断向周围土体传递，5 天后，测温管 B 的温度略有升高，说明桩基水化热的作用对桩基 1 m 处的土体温度产生了影响，随着水化热作用的逐渐减弱，在冻土地温作用下，B 测温管 30 天后完成回冻温度与扰动前基本相同。120 天后，试验桩的桩身内部温度与桩侧 1 m 处的土体温度基本保持一致，相同深度处的温差均小于 0.1 ℃，与 150 天后的温度相比基本无变化，因此认为桩基在 120 天时完成回冻，此时测温管 B 的温度趋向于稳定在-1.9 ℃左右，也将此温度认为是试验桩所在区域热平衡后的冻土地温。用相同方法分析试验桩 5 的回冻进程，2 根试验桩完成回冻的时间统计见表 4-2。

表 4-2　试验桩回冻时间统计表

试验地点	试验桩编号	桩径/m	入模温度/℃	地温/℃	回冻历时/d
I	2	1.2	16.4	-1.90	120
II	5	1.0	16.7	-1.91	105

《多年冻土地区公路设计与施工技术规范》（JTG/T 3331—04—2023）中规定以-1.5 ℃作为高、低温冻土的界限，并将冻土分为 4 个区，见表 4-3，表中 T_{cp} 为年平均地温。

表 4-3　多年冻土地温分区

分区名称	年平均地温/℃
高温极不稳定冻土区	$T_{cp} \geqslant -0.5$

分区名称	年平均地温/℃
高温不稳定冻土区	$-0.5 > T_{cp} \geq -1.5$
低温基本稳定冻土区	$-1.5 > T_{cp} \geq -3.0$
低温稳定冻土区	$T_{cp} < -3.0$

试验桩所在区域的冻土地温实测值-1.9℃，根据表4-3的分类试验桩所在区域处于低温基本稳定冻土区。根据测温管 B 加密段上的温度变化显示，这两个试验地点处的季节性冻土层厚度，即冻土上限均在 2.1 m 左右。

本章小结

　　本章详细介绍了桩基温度监测系统的组成与布设，利用温度监测系统采集了桩基回冻过程中的温度数据，系统分析了桩基的温度变化规律，综合判断了桩基的回冻进程，温度监测结果表明，试验桩所在区域岛状多年冻土地温约为-1.9 ℃，属于低温基本稳定冻土，桥梁钻孔灌注桩浇筑完成后，桩身温度是动态变化的过程，桩身回冻后冻土上限以下的温度趋近于所在区域的冻土地温。在冻土地温作用下桩基首先由桩底向上进行单向冻结，当大气温度降到 0 ℃以下时，桩基在上下两个方向同时冻结，回冻后桩身内部温度与桩侧 1 m 处的土体温度变化趋势相同，且相同深度处的温差小于 0.1 ℃。

5 桩基回冻前后静载试验研究

5.1 试验方案

采用静载试验（自平衡法）测出桩基回冻前后承载力、桩侧摩阻力及桩端阻力并分析其变化。采用自平衡法首先要确定加载设备（即荷载箱）的布设位置，根据设计文件给出的各土（岩）层相关参数（见表5-1和表5-2）按照"上段桩的摩阻力+上段桩的自重=下段桩的摩阻力+桩端阻力"的原则，经反复试算最终确定荷载箱位置。同一试验地点处浇筑两根相同的试验桩，桩径、桩长、所处地质条件、荷载箱布设位置、根据预估荷载确定的加载级数、钢筋计及压力盒布设位置均一致。试验桩参数见表5-3。

表 5-1 试验地点 I 处桩基桩侧摩阻力标准值

土层编号	土层名称	土层厚度/m	摩阻力标准值/kPa	承载力容许值/kPa
1	填土	1.6	40	200
2	泥炭土	0.5	20	100
3	圆砾	1.6	110	350
4	圆砾含土	3.2	100	300
5	粉质黏土含圆砾	1.0	60	250
6	块石夹土	1.3	120	800
7	强风化凝灰岩	1.4	130	1500
8	中风化凝灰岩	4.4	180	1800

表 5-2 试验地点 II 处桩基桩侧摩阻力标准值

土层编号	土层名称	土层厚度/m	摩阻力标准值/kPa	承载力容许值/kPa
1	填土	2.1	40	200
2	泥炭土	0.5	20	100
3	粉质黏土	1	30	140
4	圆砾	1.3	110	350

土层编号	土层名称	土层厚度/m	摩阻力标准值/kPa	承载力容许值/kPa
5	圆砾含土	2	100	300
6	块石夹土	4	120	800
7	强风化花岗岩	2.7	135	1500
8	中风化花岗岩	1.4	185	1800

表 5-3　静载试验桩参数

试验点号	试验桩编号	桩径/m	桩长/m	桩身强度等级	荷载箱距桩底（静载试验桩）/m
Ⅰ	1、2	1.2	15	C30	2.5
Ⅱ	4、5	1.0	15	C30	2.5

　　每个试验点进行静载试验时，在桩顶布设 6 只电子位移计，通过磁性表座固定在基准钢梁上，两只用于测量荷载箱向上的位移，两只用于测量荷载箱向下的位移，剩余两只用于测量桩顶向上的位移，如图 5-1 所示。根据现场地勘资料表明，两个试验点处沿着桩身向下都有 8 个不同的土（岩）层，土层分布情况见表 5-1 和表 5-2，为了准确测出不同土层的桩侧摩阻力，在每层土的分界面处对称布设 2 根钢筋计如图 5-2 所示，一根桩 8 个土层，7 个分界面，一共布设 14 根钢筋计；为了测量桩端阻力，在桩底对称布设 2 个压力盒，如图 5-3 所示。

彩图

图 5-1　位移计现场布设图

彩图

图 5-2　钢筋计现场布设图

彩图

图 5-3　压力盒现场布设图

当桩身混凝土强度达到试验要求后结合温度监测系统采集的桩基及桩侧土体温度数据，分别进行试验桩 1、4 回冻前的静载试验和试验桩 2、5 回冻后的静载试验。由于在大兴安岭地区没有桩基回冻后实测桩基承载力的参考数据，因此试验荷载按照 10000 kN 进行预估，采用慢速维持荷载法分 15 级逐级进行加载，每级加载后第 1 h 内在第 5 min、10 min、15 min、30 min、45 min、60 min 测量位移，以后每 30 min 读 1 次，每级荷载维持时间不少于 2 h 且荷载的变化幅度不超过分级荷载的 10%，位移稳定后，施加下一级荷载直至桩基破坏，得出桩基回冻前后桩基的承载力、桩侧摩阻力和桩端阻力。

5.2　试验设备

自平衡静载试验所涉及的主要设备如图 5-4～图 5-7 所示，有基准梁、荷载箱、高压油泵、钢筋计、压力盒、综合测试仪和位移数据采集系统。

彩图

图 5-4　基准梁

彩图

图 5-5　荷载箱

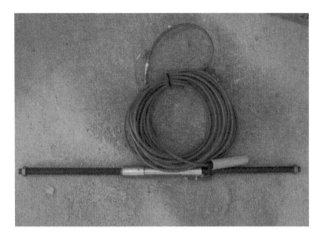

彩图

图 5-6 钢筋计

彩图

图 5-7 综合测试仪

试验时基准梁是固定不动的,电子位移计固定在基准梁上,用于测量桩身在试验荷载作用下,上段桩、下段桩及桩顶的位移变化,现场所用的基准梁为 6 m 长的工字钢。

荷载箱是静载试验的荷载加载设备,试验时,通过高压油泵将液压油注入荷载箱上的油缸里,根据试验方案的要求逐级施加荷载,从图 5-5 中可以看出,每个荷载箱上带有 4 个油缸对称分布。在荷载箱上还带有 4 根位移杆,同样是对称分布,两根位移杆与荷载箱底板相连,另外两根与荷载箱顶板相连,环形荷载箱最大施加荷载 10000 kN。

　　钢筋计为智能弦式数码钢筋计，量程为±200 MPa、灵敏度为 0.1 MPa，用于测量不同荷载作用下桩身的轴力变化；压力盒为智能弦式数码压力盒，量程为±4 MPa、灵敏度为 0.001 MPa，用于测量桩端阻力；综合测试仪用来读取每级荷载作用下钢筋计和压力盒的读数；位移数据采集系统由电子位传感器、数据采集仪和电脑组成，用于测量荷载箱的上下位移及桩顶位移。

5.3 自平衡静载试验

5.3.1 试验原理

自平衡法的原理是将一种特制的加载装置即荷载箱，经过预先计算将其焊接在钢筋笼的指定位置处（荷载箱将桩分成上段桩和下段桩），再把荷载箱上配备的高压油管和位移杆经上段桩引到地面上，便于试验施加荷载和测量位移，桩基自平衡法静载试验示意图如图 5-8 所示。

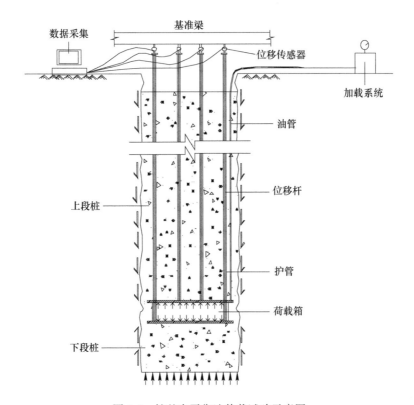

图 5-8　桩基自平衡法静载试验示意图

试验时采用高压油泵通过油管向荷载箱内注油按预定加载级数逐级施加荷载，荷载箱在上下两个方向产生变位将应力逐级传递到桩身。试验中，上段桩的自重和桩侧摩阻力与下段桩的桩侧摩阻力和桩端阻力相平衡，以此来维持逐级荷载的施加，根据荷载箱的上位移、下位移的大小综合判断桩基的变形及破坏情况，当荷载加到一定程度时，位移突变桩基破坏，此时，可以根据荷载等效换算公式得出桩基的极限承载能力。

5.3.2　试验规定

桩基静载试验所采用的加载方式为慢速维持荷载法，为了保证试验结果的可靠性，桩基静载试验步骤严格按照中华人民共和国交通运输部标准《公路桥涵施工技术规范》（JTG/T 3650—2020）和中华人民共和国交通行业标准《基桩静载试验　自平衡法》（JT/T 738—2009）中的相关规定进行，其具体要求如下。

5.3.2.1　试验时间要求和施加荷载等级的划分

（1）桩基浇筑完成至静载试验开始时间：桩身强度不小于设计要求的 70% 且混凝土抗压试块强度不低于 15 MPa。

（2）桩基静载试验所施加荷载的分级：将试验预估荷载值划分为 15 级，要求试验初始荷载按照两倍分级荷载进行施加，此后试验荷载逐级施加，根据试验方案直至达到桩基设计承载力或桩基破坏；加载完成后按 5 级进行卸载完成检测试验。

5.3.2.2　桩基位移监测的相关要求

试验开始时，要记录各电子位移计的初始位移值，逐级施加荷载后各测点位移的记录频率为 5 min、10 min、15 min、30 min、45 min、60 min 各读取一次，以后每隔 30 min 读取一次，直至试验结束。电子位移传感器通过导线直接与电脑连接，测点位移的动态变化可以由计算机中的软件进行实时采集并处理，根据位移数据处理软件自动绘制出的桩基 $Q\text{-}s$、$s\text{-}\lg t$、$s\text{-}\lg Q$ 曲线，综合判断桩身的受力情况。

5.3.2.3　每级荷载作用下桩基稳定标准

观测每级荷载对应的桩基下沉量，当最后 30 min 内各测点位移均小于 0.1 mm 时即可认为此级荷载作用下桩基已达到稳定，可施加下一级荷载。

5.3.2.4　静载试验终止施加荷载的相关要求

从荷载箱处进行划分，综合判断上段桩、下段桩的受力与位移情况，当判断两个方向均达到终止加载条件时即可终止加载。

试验终止时上段桩、下段桩的极限加载值按以下规定进行选取。

（1）每段桩对应的累计位移量≥40 mm，且当上一级所施加荷载产生的位移量小于或者等于本级荷载产生位移量的 1/5 时，即可停止加载。取终止加载时上一级较小的荷载作为极限加载值。

（2）每段桩对应的累计位移量≥40 mm，且在本级所施加荷载作用下产生的位移24 h后仍呈出现下沉趋势的，加载可以停止。取终止加载时上一级较小的荷载作为极限加载值。

（3）当桩基处于密实砂类土、巨粒土以及较为坚硬的黏性土层中时，在荷载作用下桩基累计位移量超过40 mm，且所施加的荷载也已超过设计荷载乘以设计规定的安全系数时，应立即停止试验加载，将本级荷载作为桩基的极限加载值。

（4）桩基静载试验的荷载加载值一般为桩基设计荷载的两倍。当桩基在试验荷载作用下产生的累计位移量小于40 mm，当上一级所施加荷载产生的位移量小于或者等于本级荷载产生位移量的1/5时，认为桩基承载力满足设计要求。

（5）当只通过荷载或位移无法准确确定桩基极限荷载时，应及时绘制 $Q\text{-}s$ 曲线（荷载-位移曲线）、$s\text{-}t$ 曲线（位移-时间曲线）综合判断桩基的受力与位移情况确定桩基极限荷载值，当用以上两种曲线依然无法确定桩基荷载值时，还应继续绘制 $s - \left[1 - \dfrac{Q}{Q_{\max}}\right]$ 曲线（百分率法）、$s\text{-}\lg t$ 曲线、$s\text{-}\lg Q$ 曲线（单对数法）等进行详细比较分析，选取合理的桩基极限荷载值。

5.3.2.5 静载试验的相关卸载要求

（1）静载试验的加载完成后须要对所施加的荷载进行逐级卸载，卸载一般分5级进行。在卸载完每级荷载后，均应及时采集桩顶位移变化量，位移稳定后，再进行下一级荷载的卸载，直至荷载全部卸载完成。

（2）桩基所施加的荷载全部卸载完成后，每15 min读取一次桩基位移量，持续观测时间不少于1.5 h。

5.3.2.6 单桩竖向极限承载力的计算方法

根据静载试验所得到的分段荷载值换算桩基承载力的公式如下：

$$P_u = \frac{Q_{uu} - W}{\gamma} + Q_{lu} \tag{5-1}$$

式中 P_u——桩基竖向抗压极限承载力，kN；

  Q_{uu}——上段桩的极限荷载值，kN；

  Q_{lu}——下段桩的极限荷载值，kN；

W——上段桩的自重，kN；

γ——上段桩桩侧阻力修正系数，$\gamma = 0.7$（干砂土），$\gamma = 0.8$（黏性土、粉土），$\gamma = 1$（岩石），当桩周土由若干不同土层组成时，γ 取各层土修正系数的加权平均值。

由于本工程处于多年冻土区域，规范中没有冻土的相关修正系数，因此结合地质资料及工程的重要性综合确定 $\gamma = 0.9$。

5.4　桩身轴力及相关指标的计算

5.4.1　轴力计算

轴力计算公式如下：

$$Q_i = \overline{\varepsilon_i} \cdot E_i \cdot A_i \qquad (5-2)$$

式中　Q_i——桩身断面处的轴力，kN；

$\overline{\varepsilon_i}$——第 i 断面处应变平均值；

E_i——第 i 断面处桩身材料弹性模量，kPa；

A_i——第 i 断面处桩身截面面积，m²。

换算截面处的应变量是根据桩周土层分布情况及试验方案确定布设在桩身内部的振弦式钢筋计测得的。采用综合测试仪可以读取钢筋计在受力条件下的频率值，再换算出钢筋计的所受力，最后求出钢筋计的应变量 ε_s，具体换算公式如下：

$$\overline{\varepsilon_i} = \varepsilon_s = \frac{F}{E_s \cdot A_s} = \frac{K(f^2 - f_0^2)}{E_s \cdot A_s} \qquad (5-3)$$

式中　ε_s——钢筋计在某级荷载作用下的应变量；

F——钢筋计在某级荷载作用下的受力，kN；

K——钢筋计系数，kN/Hz²；

f——钢筋计在某级荷载作用下的频率度数，Hz；

f_0——钢筋计频率初始度数，Hz；

E_s——桩基所用钢筋的弹性模量，kN/m²；

A_s——桩身截面纵向钢筋总面积，m²。

$$A_i = A_c + \left(\frac{E_s}{E_c} - 1\right) \cdot A_s \qquad (5-4)$$

式中　E_c——桩身混凝土弹性模量，kN/m²；

A_c——桩身截面混凝土的净面积，m²。

进行静载试验时在相同等级荷载作用下，桩身内混凝土与钢筋协同受力，某一断面处混凝土受力所产生的应变量与钢筋受力所产生的应变量相同，即桩身截面处的应变量与钢筋产生的应变量相同，等价换算公式如下：

$$\frac{\sigma_s}{E_s} = \frac{\sigma_c}{E_c} = \varepsilon_c = \varepsilon_s \qquad (5-5)$$

式中　ε_c——同级荷载条件下桩身同一截面处混凝土受力产生的应变量；

σ_c——同级荷载条件下桩身同一截面处混凝土受力产生的应力值，

kN/m^2；

σ_s——同级荷载条件下桩身同一截面处钢筋受力产生的应力值，kN/m^2。

根据在桩身竖向不同土层处对称布设的钢筋计，即可应用相关方程换算出相同截面处的桩身轴力。

5.4.2　桩侧摩阻力的计算

根据式（5-6）可求得沿桩身不同深度各土层的桩侧摩阻力 q_s：

$$q_s = \frac{\Delta Q_z}{\Delta F} \tag{5-6}$$

式中　q_s——桩侧各土层的摩阻力值，kN/m^2；

　　　ΔQ_z——所布设的纵向两根钢筋计间的轴向力只差，kN；

　　　ΔF——所布设的纵向两根钢筋计间桩身的侧表面积，m^2。

5.4.3　桩身截面位移计算

静载试验过程中，桩身在荷载作用下不断向下产生位移，桩-土间的作用力也随着桩身的下沉而不断变化，为了准确掌握桩侧各土层 q_s（摩阻力）随桩身 S（沉降）的变化规律，确定桩侧摩阻力传递的函数 q_s-S 关系，首先要计算出沿着桩身不同深度处的位移值 S_i，具体计算公式如下：

$$S_i = S_{i+1} - \Delta_i \tag{5-7}$$

式中　S_i——第 i 个桩身计算截面处的沉降量，mm；

　　　S_{i+1}——第 $i+1$ 个桩身计算截面处的沉降量，mm；

　　　Δ_i——第 $i+1$ 个桩身截面到第 i 个桩身截面间桩身的弹性压缩模量，mm，

　　　　　其具体计算公式如下：

$$\Delta_i = \frac{(Q_{z,\,i} + Q_{z,\,i+1})L_i}{2A_nE_c} \tag{5-8}$$

式中　$Q_{z,i}$——第 i 个桩身截面处的轴力，kN；

　　　L_i——第 $i+1$ 个桩身截面到第 i 个桩身截面处的桩身长度，m；

　　　A_n——桩身换算截面面积，其换算公式如下：

$$A_n = \frac{\pi}{4}d^2 + nA_s\left(\frac{E_s}{E_c} - 1\right) \tag{5-9}$$

式中　d——桩身直径，mm；

　　　n——桩基内部主钢筋根数；

　　　A_s——桩身内部主筋面积，m^2。

5.4.4 桩顶等效荷载转换方法

在进行静载试验时，可以通过高压油泵的压力表确定荷载箱的加载值、通过位移计采集出上段桩、下段桩及桩顶的位移量，利用钢筋计采集桩身在不同深度处的应变量。利用桩身的应变量及桩身断面处的刚度，通过式（5-2）~式（5-5）可以绘制出桩身不同荷载作用下的轴力分布图，再根据地质资料中不同土层的分布厚度计算出不同土层的桩侧摩阻力值。利用桩基荷载传递解析方法，将桩周各土层的摩阻力与桩身沉降量的对应关系、荷载加载与值与分段桩的位移变化量的关系，换算成桩顶等效荷载对应的 Q-S（荷载-沉降）曲线关系，如图5-9所示。

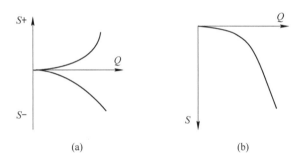

图5-9 自平衡测试结果转换示意图

（a）自平衡测试曲线；（b）等效转换曲线

针对桩基荷载传递解析的换算，对桩基进行了以下假设：

（1）把桩身假定为可压缩的弹性体；

（2）桩身某单元处的应变量可通过此单位上下结构面的轴力及刚度进行换算；

（3）进行桩基静载试验时（自平衡法），桩顶等效荷载-沉降量关系及桩周不同深度处土层的侧摩阻力-变位量关系可采用相同的标准试验法确定。

进行自平衡法静载试验时，以荷载箱埋设处为分界线，将荷载箱以上的上段桩划分为 n 个单元，任意一个单元 i 的桩身轴力 $Q(i)$ 和位移量 $S(i)$ 可通过下列公式计算：

$$Q(i) = Q_j + \sum_{m=i}^{n} f(m)\left[U(m) + U(m+1)\right]h(m)/2 \qquad (5\text{-}10)$$

$$S(i) = S_j + \sum_{m=1}^{n} \frac{Q(m) + Q(m+1)}{A(m)E(m) + A(m+1)E(m+1)}h(m)$$

$$= S(i+1) + \frac{Q(i) + Q(i+1)}{A(i)E(i) + A(i+1)E(i+1)}h(i) \qquad (5\text{-}11)$$

式中　Q_j——$i=n+1$ 单元（荷载箱深度的轴力），kN；

　　　S_j——$i=n+1$ 单元向下的位移量，m；

　$f(m)$——m 点（i-n 之间的点）的桩侧摩阻力（假定向上为正直），kPa；

$U(m)$——m 点处桩身周长，m；

$A(m)$——m 点处桩身截面面积，m^2；

$E(m)$——m 点处桩身弹性模量，kPa；

$h(m)$——分割单元 m 的长度，m。

同时，桩身单元的中点对应的位移量可用式（5-12）进行计算：

$$S_m(i) = S(i + 1) + \frac{Q(i) + 3Q(i + 1)}{A(i)E(i) + 3A(i + 1)E(i + 1)} \frac{h(i)}{2} \tag{5-12}$$

将式（5-8）分别代入式（5-10）和式（5-11）中，可换算出以下公式：

$$S(i) = S(i + 1) + \frac{h(i)}{A(i)E(i) + A(i + 1)E(i + 1)} \left\{ 2P_j + \right.$$

$$\sum_{m=i+1}^{n} f(m)\left[U(m) + U(m + 1) \right]h(m) +$$

$$\left. f(i)\left[U(i) + U(i + 1) \right] \frac{h(i)}{2} \right\} \tag{5-13}$$

$$S_m(i) = S(i + 1) + \frac{h(i)}{A(i)E(i) + 3A(i + 1)E(i + 1)} \left\{ 2P_j + \right.$$

$$\sum_{m=i+1}^{n} f(m)\left[U(m) + U(m + 1) \right]h(m) +$$

$$\left. f(i)\left[U(i) + U(i + 1) \right] \frac{h(i)}{4} \right\} \tag{5-14}$$

当 $i+n$ 时，则：

$$S(n) = S_j + \frac{h(n)}{A(n)E(n) + A(n + 1)E(n + 1)} \left\{ 2Q_j + \right.$$

$$\left. f(n)\left[U(n) + U(n + 1) \right] \frac{h(n)}{2} \right\} \tag{5-15}$$

$$S_m(n) = S_j + \frac{h(n)}{A(n)E(n) + 3A(n + 1)E(n + 1)} \left\{ 2Q_j + \right.$$

$$\left. f(n)\left[U(n) + U(n + 1) \right] \frac{h(n)}{4} \right\} \tag{5-16}$$

应用式（5-13）~式（5-16），由自平衡法静载试验实测出的桩周各土层侧摩阻力 $\tau(i)$ 与位移量 $ym(i)$ 的关系曲线，认为 $ym(i) = Sm(i)$，将 $f(i)$ 代入即可求出 $\tau(i)$，进一步求出 $f(i) = -\tau(i)$，同时由试验荷载 $Q(i)$ 与沉降量 $S(j)$ 相应的关系曲线推导出 $Q(j)$。所以，从 $S(i)$ 到 $Sm(i)$ 之间的 $2n$ 个未知数，可建立 $2n$ 个联立方程式进行求解。

5.5 试验结果及分析

根据监测系统采集温度数据来指导桩基回冻前后的动、静载试验。两个试验点桩基进行回冻前动、静载试验当天距离桩顶 2 m、1/4 L（3.75 m）、1/2 L（7.5 m）、3/4 L（11.25 m）和桩底（15 m）处温度监测结果如图 5-10 和图 5-11 所示。

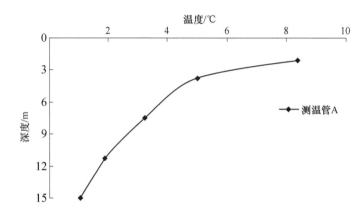

图 5-10 试验桩 1 回冻前静载试验时所测温度

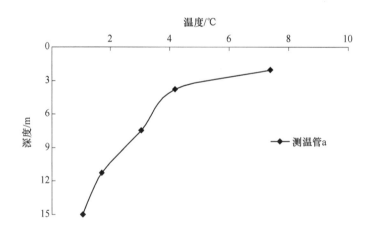

图 5-11 试桩 4 回冻前静载试验时所测温度

图 5-10 和图 5-11 分别是桩基回冻前 2 根静载试验桩 1、4 内测温管 A 和 a 的温度数据，从图中可以看出，两根试验桩在浇筑完成后 28 天，各测点的温

度均在 0 ℃以上，说明桩基还没有开始冻结，此时混凝土试块的抗压强度为
26.4 MPa 和 27.3 MPa，达到了桩身混凝土的设计强度的 80% 以上，符合静载试
验要求。

随着时间的推移，在冻土地温的作用下，桩基逐渐完成回冻，回冻后，桩
基各测点的温度趋于稳定。两个试验点桩基回冻后静载试验时距离桩顶 4 m、
6 m、8 m、10 m、12 m、14 m、15 m 各测点温度观测结果如图 5-12 和图 5-13
所示。

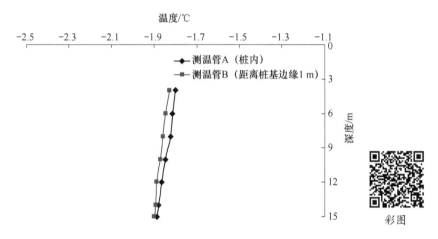

图 5-12　试验桩 2 回冻后不同深度处温度变化曲线

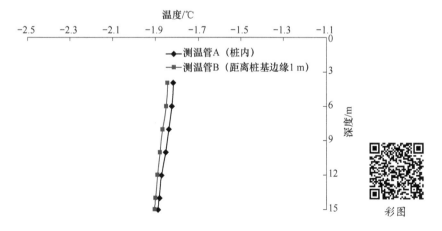

图 5-13　试验桩 5 回冻后不同深度处温度变化曲线

从图 5-12 和图 5-13 可以看出，两根试验桩在浇筑完 130 天左右，桩身中的

测温管各测点的温度都均在 0 ℃以下，说明桩身及周围土体均已冻结。桩身内部温度在保持稳定的同时与桩侧 1 m 处的土体温度基本保持一致，相同深度处的温差均小于 0.1 ℃，认为桩基完成回冻，此时混凝土试块的抗压强度为 32.4 MPa和31.5 MPa 满足桩基回冻后静载试验要求。根据测温管 B 的温度数据显示试验桩所在区域冻土地温趋近于−1.9 ℃。

试验地点Ⅰ处试验桩 1、2 试验终止后，根据荷载箱所施加荷载及上、下段桩位移分别绘制试验桩的 Q-S 曲线，如图 5-14 和图 5-15 所示。试验地点Ⅱ处试验桩 4、5 试验终止后，根据荷载箱所施加荷载及上、下段桩位移分别绘制试验桩的 Q-S 曲线，如图 5-16 和图 5-17 所示。

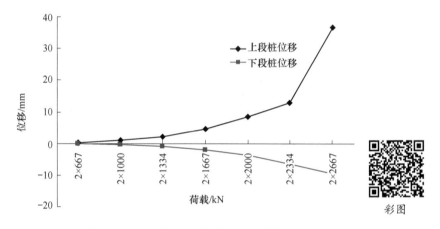

图 5-14　试验桩 1 回冻前分段 Q-S 曲线

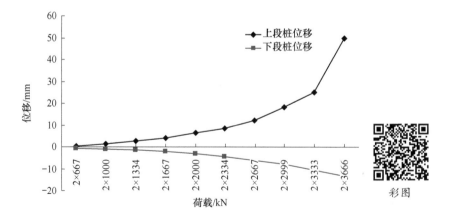

图 5-15　试验桩 2 回冻后分段 Q-S 曲线

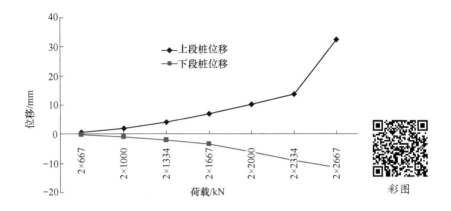

图 5-16　试验桩 4 回冻前分段 *Q-S* 曲线

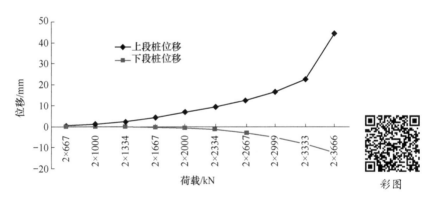

图 5-17　试验桩 5 回冻后分段 *Q-S* 曲线

从试验桩 1、2 和 4、5 回冻前后的分段 *Q-S* 曲线图可以看出，4 根桩的上位移曲线都呈现明显的双曲线变化，当曲线出现明显拐点时认为达到了极限承载力。当荷载由 2×2334 kN 加载到 2×2667 kN 时，试验桩 1 上位移由 12.81 mm 增加到 36.62 mm；试验桩 4 上位移由 13.85 mm 增加到 32.57 mm，增幅程度将近 3 倍，位移均在荷载加载到 2×2334 kN 处出现拐点。当荷载由 2×3333 kN 加载到 2×3666 kN 时，试验桩 2 上位移由 24.98 mm 增加到 49.69 mm；试验桩 5 上位移由 22.43 mm 增加到 44.47 mm 增幅程度为 2 倍，位移均在荷载加载到 2×3333 kN 处出现拐点，表明 4 根桩上段桩基承载力均已达极限状态，符合试验终止条件。试验桩 1、2、4、5 桩基分段极限加载取值见表 5-4。

表 5-4　桩基分段极限加载值

试验点	试验桩编号	上段桩极限加载值/kN	下段桩极限加载值/kN
I	1	2334	2667
	2	3333	3666
II	4	2334	2667
	5	3333	3666

根据各土层间布设的钢筋计受力变化，分别换算出 4 根试验桩的轴力图，如图 5-18~图 5-21 所示。

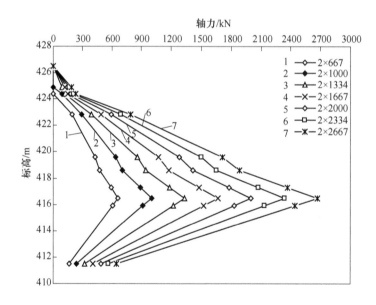

图 5-18　试验桩 1 轴力图

按照《基桩静载试验　自平衡法》（JT/T 738—2009）中给出的有轴力实测条件下，利用荷载传递解析法推导的等效荷载换算公式计算荷载与位移，分别绘制两个试验点试验桩回冻前后的等效桩顶荷载 Q-S 曲线，如图 5-22 和图 5-23 所示；根据 4 根试验桩中布设的压力盒可分别得出桩基回冻前后极限荷载作用下的桩端阻力，见表 5-5；同时还可根据各土层间的轴力差分别计算出桩基回冻前后各土层的桩侧摩阻力，计算公式见式（5-6），计算结果见表 5-6 和表 5-7（桩侧摩阻力的增长率只考虑冻土上限以下的土层）。

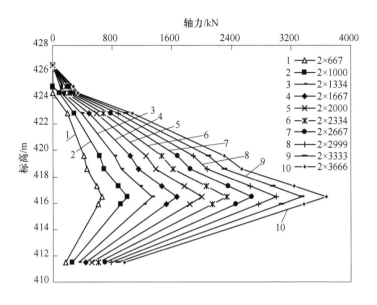

图 5-19　试验桩 2 轴力图

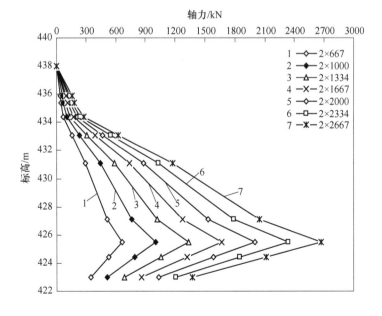

图 5-20　试验桩 4 轴力图

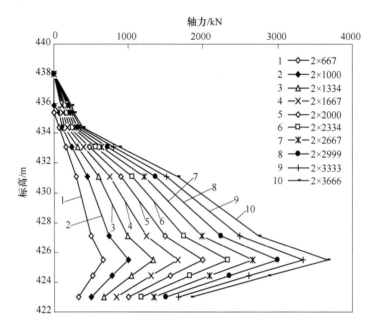

图 5-21 试验桩 5 轴力图

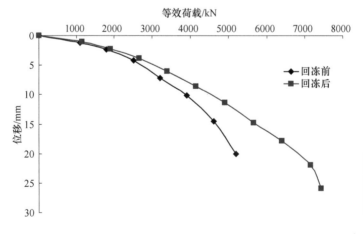

彩图

图 5-22 试验地点 I 处试验桩回冻前后等效桩顶荷载曲线

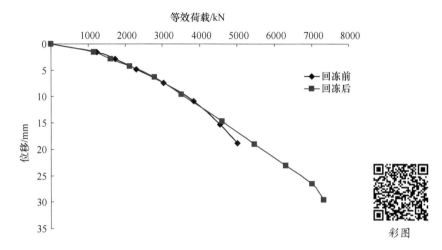

图 5-23 试验地点 Ⅱ 处试验桩回冻前后等效桩顶荷载曲线

表 5-5 桩基回冻前后桩端阻力统计表

试验地点	试验桩编号	桩端阻力/kN	桩基承载力/kN	所占比例/%
Ⅰ	1（回冻前）	649	5199	12.49
	2（回冻后）	964	7431	12.98
Ⅱ	4（回冻前）	1375	5020	27.39
	5（回冻后）	1966	7334	25.17

表 5-6 试验地点 Ⅰ 处桩基回冻前后桩侧摩阻力统计表

土层编号	土层名称	土层厚度/m	回冻前后实测摩阻力/kPa		增长率/%
			试验桩 1	试验桩 2	
1	填土	1.8	30	48	—
2	泥炭	0.5	25	35	—
3	圆砾	1.3	88	122	38.6
4	圆砾含土	2.2	76	102	34.2
5	粉质黏土含圆砾	0.8	47	80	70.2

续表 5-6

土层编号	土层名称	土层厚度 /m	回冻前后实测摩阻力/kPa		增长率 /%
			试验桩 1	试验桩 2	
6	块石夹土	1.5	80	140	75.0
7	强风化凝灰岩	2.0	98	143	45.9
8	中风化凝灰岩	4.9	108	145	34.3
冻土上限以下桩侧摩阻力平均增长率/%					49.6

表 5-7　试验地点 Ⅱ 处桩基回冻前后桩侧摩阻力统计表

土层编号	土层名称	土层厚度 /m	回冻前后实测摩阻力/kPa		增长率 /%
			试验桩 4	试验桩 5	
1	填土	2.1	24	37	——
2	泥炭	0.5	22	28	27.3
3	粉质黏土	1	31	38	22.6
4	圆砾	1.3	90	130	44.4
5	圆砾夹土	2	70	115	64.3
6	块石夹土	4	73	125	71.2
7	强风化花岗岩	2.7	125	164	31.2
8	中风化花岗岩	1.4	130	170	30.8
冻土上限以下桩侧摩阻力平均增长率/%					41.7

经计算试验桩 1、2 回冻前后等效荷载分别为 5199 kN 和 7431 kN，试验桩 4、5 回冻前后等效荷载分别为 5020 kN 和 7334 kN，桩基回冻后的极限承载能力约为回冻前的 1.45 倍，这主要是由于桩基回冻过程中，桩侧土中的水由液体变为固态产生了胶结作用将桩与土联结成了一个整体，共同承受外荷载作用。桩基回冻后桩-土抗剪强度增大，桩侧摩阻力增加，承载能力提高。由图 5-22 和图 5-23 可以看出，桩基 1、4 在达到极限承载力之前等效桩顶加载曲线呈抛物线变化，

随着荷载增加位移不断增大；试验桩2、5在桩侧土冻结力的作用下达到极限承载力前等效桩顶加载曲线的变化曲率要明显小于回冻前，随着荷载的增加桩-土体间的冻结力逐渐破坏，当到达极限荷载时，桩身位移迅速增大。

桩基的承载力是由桩端阻力和桩侧摩阻力两部分组成的，随着试验荷载级数的增加，荷载克服桩侧摩阻力沿着桩身逐渐向下传递，桩端阻力不断增大。由表5-5可以看出，试验桩2、5比试验桩1、4的桩端阻力均有所提高了，增高幅度分别为48.5%和43.0%，平均增幅为45.8%，说明桩基回冻后随着桩基整体承载力的提高，桩端阻力也得到进一步发挥。从桩基回冻前后桩侧摩阻力和桩端阻力的受力分配情况来看，试验地点 I 处桩端阻力与总承载力的比值为12%～13%；试验地点 II 处桩端阻力与总承载力的比值为25%～28%，这主要是受到桩径的影响，在承载力相近的情况下，桩径越粗，桩周与土的接触面就越大，桩侧摩阻力占总承载力的相对密度越大，与之对应桩径越细桩端阻力占总承载力的相对密度越大。

在进行桩基承载力分析时，通常假定在桩-土分界面处产生剪切破坏，但在实际施工过程中，桩-土的分界面是粗糙的、类似于不规则的锯齿状，当桩-土间的结合强度大于土体颗粒之间的结合强度时，破坏面将产生在土体强度薄弱处，桩基回冻后在冰胶结的作用下土体强度增加，同时也增大了土体的摩阻力使桩基的承载能力提高。由表5-6和表5-7可以看出，桩基回冻后各土（岩）层的桩侧摩阻力均有所提高，其中增加最大的土层是块石夹土，桩侧摩阻力增大了60 kPa，增加幅度为75%，这是由于回冻前块石土层中块石与土之间的互作结合力较小，块石与块石之间又无法形成骨架结构从而导致摩阻力相对较低而桩基回冻后块石与土冻结成一个整体强度增大，此时土层的摩阻力也有较大的增加，通过试验结果可以看出，冻结后的块石夹土与岩层的侧摩阻力相接近；岩层的摩阻力增加幅度为30%～46%，在所测的各土（岩）层中岩层的摩阻力是最大的，这是由于岩石自身的强度较高且岩层与桩身的接触面是粗糙的、不规则的，水泥混凝土在硬化过程中与周围岩层形成了一个整体，这就导致了桩与岩层之间有较大的摩阻力；圆砾、圆砾含土、粉质黏土含圆砾由于3个土层的级配不同，导致了工程性质有所差异，因此土体回冻前后的摩阻力相差也较大。

本章小结

　　本章根据桥梁桩基温度监测系统采集的温度数据判断了桩基的回冻进程，在桩基回冻前后分别进行了桩基静载试验（自平衡法），测出了桩基回冻前后的桩侧摩阻力值、桩端阻力及桩基承载力。试验结果表明，桩基回冻后桩基的承载力约为回冻前承载力的 1.45 倍；回冻后端阻力有所增加，试验地点 I 处桩端阻力与总承载力的比值为 12%～13%、试验地点 II 处桩端阻力与总承载力的比值为 25%～28%；各土（岩）层的侧摩阻力均有所增长，试验地点 I 处冻土上限以下桩侧摩阻力平均增长率为 49.6%、试验地点 II 处冻土上限以下桩侧摩阻力平均增长率为 41.7%。

6 桩基回冻前后动载试验研究

6.1 试验方案

为了在相同条件下对比分析桩基回冻前后静载与高应变法测出的承载力，在两个试验点现场分别浇筑 1 根与静载试验相同的试验桩，编号分别为 3、6，桩径、桩长及所处地质条件均与同试验点静载桩一致，动载试验桩的参数见表 6-1，土层情况见表 3-1 和表 3-2。

表 6-1 动载试验桩参数

试验地点	试验桩编号	桩径/m	桩长/m	桩身强度等级
I	3	1.2	15	C30
II	6	1.0	15	C30

试验桩的桩头需要进行处理并符合试验要求，要求桩头顶面水平、平整，桩头中轴线与桩身中轴线应重合，桩头截面积与原桩身截面积相同。桩头主筋应全部直通至桩顶混凝土保护层之下，各主筋应在同一高度上；距桩顶 1 倍桩径范围内用厚度为 3~5 mm 的钢板围裹。桩顶应设置钢筋网片 2~3 层，间距为 60~100 mm。桩头混凝土强度等级比桩身混凝土提高 1 级，为 C35 混凝土。

高应变动测试验（实测曲线拟合法）前要在距离桩顶 1.5 m 处的桩身表面布设一对加速度传感器和一对应变传感器，同时还用对桩头进行加固处理，进行激振设备的预击打，调整好重锤下落高度。当桩身混凝土强度达到试验要求后，结合温度监测系统采集的桩基温度数指导动测试验时间。根据静载试验测出的土层摩阻力，修正高应变动测桩-土力学模型土层的设置参数，绘制拟合曲线，确定桩基承载力。

为保证静、动测试验数据的对比性，在判断静载试验桩达到极限承载力的同时进行试桩的高应变动测试验。试验地点 I 动测试验时落锤高度为 1.2 m，试验地点 II 动测试验时落锤高度为 1.0 m。

6.2　高应变动测试验设备

动测试验所用到的设备主要有激振设备、导向架、数据采集仪、加速度传感器和应变传感器等，分别如图 6-1~图 6-5 所示。

彩图

图 6-1　激振设备

彩图

图 6-2　数据采集仪

彩图

图 6-3 应变传感器

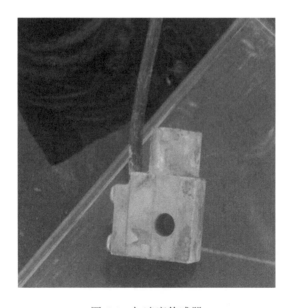

彩图

图 6-4 加速度传感器

其中激振设备为 5 t 重锤；导向架为特制的带有导向滑道的铁架高 4.5 m，用于引导重锤自由下落；高应变数据采集仪为 PDS-PS 型检测仪，用于采集试验过程中的相关数据；加速度传感器为 SV-5 型，灵敏度为 5.8 mV/g；应变传感器为 CYB-YB-F1K 型。设备现场布设如图 6-6 所示。

图 6-5　导向架

图 6-6　动测设备现场布设实物图

6.3 实测曲线拟合法

6.3.1 试验原理

实测曲线拟合法是利用激振设备锤击桩头测量桩顶荷载和速度波形来计算桩基承载力的一种高应变动测方法。其计算方法是从一条实测曲线出发，通过对桩身参数进行设定，应用波动理论的迭代公式，将计算出的桩顶力波 $F_c(t)$ 曲线同实测的力波曲线 $F_m(t)$ 进行反复比较、迭代（迭代过程中可对桩-土模型参数进行调整），使得计算 $F_c(t)$ 曲线与实测 $F_m(t)$ 曲线的拟合趋于完善（即拟合因子 Mq 达到设置的标准要求）。拟合曲线的计算过程可概括为"假定—计算—比较"的循环，这样既可确定桩承载力，又可模拟出桩的 p-s 曲线。

实测曲线拟合法采用了较复杂的桩-土力学模型，选择实测力或速度或上行波作为边界条件进行拟合。试验时运用 PDS-PS 型检测仪通过在桩身上预埋的应变传感器和加速度传感器采集重锤击打桩顶时桩身的相关数据，再通过波动方程的数值求解，反算桩-土的力学模型及其参数值并拟合出一条计算曲线，要求拟合完成时计算曲线应与实测曲线相吻合，从而获得桩的竖向承载力。动测试验示意图如图 6-7 所示。

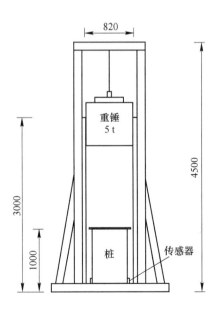

图 6-7 桩基动测试验示意图

动测检测桩基承载力的最大优点就是试验方法简单、加载时间短、预埋设备少、试验费用低。实测曲线拟合法是将凯斯法和史密斯法结合起来，利用精度更高的计算程序 CAPWAP 分析，动测检测也存在一定的局限性，采用拟合曲线法进行数据处理时，在非冻土地区输入的桩-土模型各层土的侧摩阻力参数值通常是在规范中查出的，但是在多年冻土地区不同冻土低温条件下，不同土层在冻结后的侧摩阻力选取范围就没有相关资料可以参考，此时就需要用静载试验实测的土层侧摩阻力值进行参数修正。

6.3.2　桩连续杆件模型

以行波理论为基础应用 CAPWAP 程序进行桩基的动载分析时，将桩身假定为连续的杆件模型，具体分析过程如下。

6.3.2.1　桩身的假设

波动方程拟合法将桩分成 N_p 个杆件单位，各单元长约为 1 m，如图 6-8 所示，假设条件如下：

（1）桩身为连续的一维弹性杆；

（2）与桩相比，单元面积和弹性模量均不同；

（3）阻抗在相邻单元的截面处才会发生变化；

（4）单元长度可不同，但应力波经过各单元的时间 Δt 必须相等；

（5）土阻力仅作用在各单元底部。

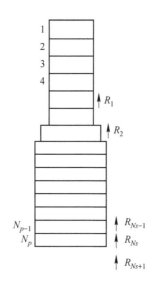

图 6-8　桩基连续杆件模型图

6.3.2.2 波动分析

波动分析涉及桩模型、土体阻力模型以及桩-土的相互作用问题。实测曲线拟合法采用 Rausche 和 Goble 提出的 CAPWAP 所描述的连续杆件模型。

以杆件轴为 x 轴,一维波动方程的波动解为:

$$u(x, t) = f(x - ct) + g(x + ct) \tag{6-1}$$

式中　$u(x, t)$——杆件上任意一质点在时刻的位移;

　　　$f(x-ct)$——下行波;

　　　$g(x+ct)$——上行波;

　　　　x——质点所在截面的横轴坐标,m;

　　　　c——力波的传播波速,m/s;

　　　　t——时间,s。

该解由两部分组成,分别代表两个行波。将波动方程的解做更进一步的推导可得桩截面的力波曲线计算公式:

$$P_c(j) = ZV_m(j) + 2P_u(i, j - 1) \tag{6-2}$$

式中　$P_u(i,j-1)$——桩身截面 i 处 t_{j-1} 时刻的上行波;

　　　V_m——实测速度,m/s;

　　　Z——波阻抗,kN/(m·s)。

桩身质点的运动速度 $V(i, j)$ 为:

$$V(i,j) = \frac{P_d(i,j)}{Z_i} + \frac{P_u(i,j)}{Z_{i+1}} \tag{6-3}$$

式中　$P_d(i,j)$——桩身截面 i 处 t_j 时刻的下行波;

桩身质点的位移值 $S(i, j)$ 为:

$$S(i, j) = S(i, j - 1) + \frac{\Delta t}{2}[V(i, j - 1) + V(i, j)] \tag{6-4}$$

上行波 $P_u(i, j - 1)$ 经间隔 Δt,从 i 单元底部传到顶部为 $P_u(i - 1, j - 1)$,而下行波 $P_d(i - 1, j - 1)$ 经间隔 Δt,从 i 单元顶部传到底部为 $P_d(i, j)$:

$$\begin{cases} P_u(i - 1, j) = P_u(i, j - 1) \\ P_d(i, j) = P_d(i - 1, j - 1) \end{cases} \tag{6-5}$$

若相邻的 3 个单元 Z_{i-1},Z_i 和 Z_{i+1} 不相同,则:

$$\begin{cases} T_u(i) = \dfrac{Z_i}{Z_i + Z_{i+1}} \\ T_d(i - 1) = \dfrac{Z_i}{Z_i + Z_{i-1}} \end{cases} \tag{6-6}$$

根据波动理论，i 截面处的上行波 $P_u(i, t)$ 在 $t = j * \Delta t$ 时刻通过变截面时，则上行波为：

$$P_{u3} = T_u(i)R(i, j) = [T_d(i) - T_u(i)]P_d(i, j) \qquad (6\text{-}7)$$

在变截面处，下行波 $P_d(i, t)$ 产生的上行波为：

$$P_{d2} = \frac{Z_i - Z_{i+1}}{Z_i + Z_{i+2}}P_u(i, j) = [T_u(i) - T_d(i)]P_u(i, j) \qquad (6\text{-}8)$$

因土摩阻力 $R(i, t)$ 作用，则上行波为：

$$P_{u3} = T_u(i)R(i, j) \qquad (6\text{-}9)$$

由式 (6-5) 得：

$$\begin{cases} P_u(i, j) = P_u(i + 1, j - 1) \\ P_d(i, j) = P_d(i - 1, j - 1) \end{cases} \qquad (6\text{-}10)$$

上行波在时刻 $t = j * \Delta t$ 时为式 (6-6)~式 (6-8) 的总和。

$$V_m(j) = \frac{P_d(1, j) - P_u(1, j)}{Z} \qquad (6\text{-}11)$$

与此类似，下行波也按上述进行推导，可得出如下公式：

$$P_{d1} = 2T_d(i)P_d(i, j) \qquad (6\text{-}12)$$

$$P_{d2} = \frac{Z_i - Z_{i+1}}{Z_i + Z_{i+2}}P_u(i, j) = [T_u(i) - T_d(i)]P_u(i, j) \qquad (6\text{-}13)$$

$$P_{d3} = -T_d(i)R(i, j) \qquad (6\text{-}14)$$

$$\begin{aligned} P_d(i, j) &= P_{d1} + P_{d2} + P_{d3} \\ &= T_d(i)[2 \cdot P_d(i - 1, j - 1) - P_u(i + 1, j - 1) - \\ &\quad R(i, j)] - T_u(i) \cdot P_u(i + 1, j - 1) \end{aligned} \qquad (6\text{-}15)$$

6.3.2.3　边界条件

桩端受力如图 6-9 所示，上行波的计算公式为：

$$\begin{cases} P_d(N_p, j) = P_d(N_p - 1, j - 1) \\ P_u(N_p, j) = -P_d(N_p, j) + R(N_p, j) + R(N_p + 1, j) \\ \qquad\quad = -P_d(N_p - 1, j - 1) + R(N_p, j) + R(N_p + 1, j) \end{cases} \qquad (6\text{-}16)$$

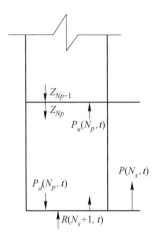

图 6-9 桩尖受力计算简图

若将固定传感器的位置作为已知的边界条件。根据波动理论，边界条件可以写成：

$$V_m(j) = \frac{P_d(1,\ j) - P_u(1,\ j)}{Z} \tag{6-17}$$

若不计上行波 $P_u(i,\ j)$ 对计算的影响，但必须考虑下行波的影响。由式（6-17）可得：

$$P_d(1,\ j) = Z \cdot v_m(j) + P_u(1,\ j) \tag{6-18}$$

$$P_u(1,\ j) = P_u(2,\ j-1) \tag{6-19}$$

$$P_d(1,\ j) = Z \cdot V_m(j) + P_u(2,\ j-1) \tag{6-20}$$

所以，力波曲线为：

$$P_c(j) = P_d(1,\ j) + P_u(1,\ j) = Z \cdot v_m(j) + 2P_u(2,\ j-1) \tag{6-21}$$

6.3.3 土模型假设

6.3.3.1 史密斯土的模型

实测曲线拟合法采用将 Smith 法中的土阻力模型作为其桩-土间作用力的计算分析模型。如图 6-10 所示，Smith 土阻力模型主要由 3 部分组成，分别为阻尼器、弹簧和摩擦键，此模型将桩-土间的流变模型来模拟土的反向作用力。

土阻力 R_z 的第一部分为静阻力 R_j，如图 6-10 中折线 OAB 所示，该模型为理想的弹塑性可压缩模型；第二部分为动阻力 R_d，假定质点的运动速度与 R_d 成正比，即：$R_d = R_j Jv$，且 R_d 与 R_j、v 以及 J 均相关。则总阻力 R_z 为：

$$R_c = R_j + R_d = R_j(1 + Jv) \tag{6-22}$$

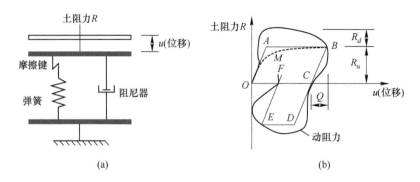

(a)　　　　　　　　　　　　(b)

图 6-10　Smith 土阻力模型示意图

(a) 土的模量；(b) 土阻力—位移曲线

图 6-10 表明：史密斯模型要预先选定 3 个参数，即 R_d、Q 以及 J。其中，J 作为黏滞系数；而 Q 为土体单元在静力作用下达到阻力限值时所对应的相对位移。无论针对何种土体，史密斯提出桩侧和桩端均去 $Q = 2.54$ mm。由此可见，该种方法还是无法避免人为因素的影响。

6.3.3.2　改进后的史密斯模型

近年来，随着实测曲线拟合法的推广应用，对其桩-土模型进行了进一步的改进，改进后的模型还是由动阻力和静阻力两部分组成，动阻力模型与之前相比无变化，主要是在静阻力中引入了计算更为精准的阻力模型；改进后土的静反力计算模型如图 6-11 所示。

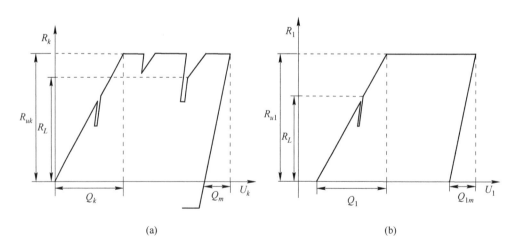

(a)　　　　　　　　　　　　(b)

图 6-11　改进后土的静反力计算模型

(a) 桩侧土的静反力模型；(b) 桩尖土的静反力模型

实测曲线拟合法在计算时将土体简化为较为理想的弹塑性体。当土体位移量小于 Q_k 时，应力曲线呈线性变化，相反，当土体位移量大于 Q_k 时，应力曲线不再呈现线性增加趋势，此时土体进入塑性状态，计算公式如下：

$$\begin{cases} 当\ u_{(z)} \leqslant Q_k\ 时，R_{k(z)} = \dfrac{U_{(z)}}{Q_k}R_{uk} \\ 当\ u_{(z)} > Q_k\ 时，R_{k(z)} = R_{uk} \end{cases} \tag{6-23}$$

式中　R_{uk}——桩在 Z 深度处土的静阻力，kN；

　　　Q_k——土的最大弹性位移，mm；

　　　$u_{(z)}$——深度 Z 处土位移，mm。

土体通常被认为是弹塑性体，在荷载的施加和卸载过程中，随着土体所呈现的不同性质，其应力-应变也表现为非线性的变化关系。桩顶在受到外力作用时，桩身的运动形式由两部分组成，首先是沿着作用力方向产生向下的运动，作用力结束后桩身向上运动产生回弹。因此，高应变分析程序中要给定加载弹限 Q_k 和卸载弹限 Q_{km} 两种参数值。如果桩身所受到极限阻力相同，那么 $Q_{km} < Q_k$。

桩身由于振动将产生多次不同振幅的上下运动。因此，在结果分析时还要考虑反复加载参数 R_L 和 R_{LT} 对试验结果的影响。由不同振幅折射出加载路径是不同的，桩体回弹使部分单元产生向上运动，桩周土体产生卸载现象；如果桩-土间相对位移为负数时，则表明桩侧阻力方向是向下的。在高应变拟合分析软件中用 U_n 表示卸载程度。

在桩端土体的静阻力模型中，桩端没有卸载程度。比如钻孔灌注桩底部有沉渣或虚土现象，预制桩在打入过程中由于桩-土间的挤土效应使桩体产生上浮，桩端产生缝隙等。因此，在高应变拟合程序中要合理设置土体的相关参数。桩端土体的加载和卸载弹性位移量分别用 Q_t 和 Q_{tm} 进行表示。

6.4　试验结果及分析

后期进行高应变计算曲线与实测曲线进行拟合时，以静载试验所测的各土层侧摩阻力值为依据（见表 5-6 和表 5-7），反复调整 CAPWAP 程序中的桩-土模型土层的相关参数（各土层调整范围不超过实测值的 10%），动测试验采集的贯入度见表 6-2，实测力与实测速度曲线、计算程序拟合出的曲线与实测速度曲线分别如图 6-12~图 6-19 所示。

表 6-2　动载试验桩的贯入度

试验地点	试验桩编号	回冻前贯入度/mm	回冻后贯入度/mm
I	3	2.99	2.91
II	6	3.21	2.84

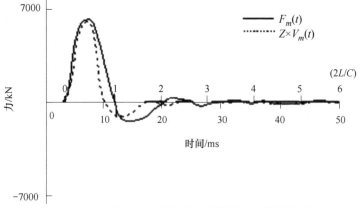

图 6-12　试验桩 3 回冻前高应变曲线拟合法检测结果 1

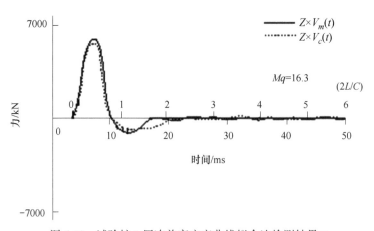

图 6-13　试验桩 3 回冻前高应变曲线拟合法检测结果 2

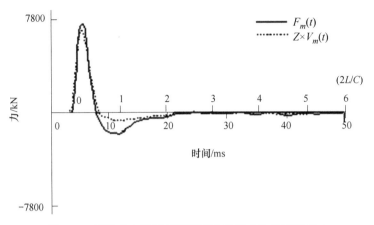

图 6-14　试验桩 3 回冻后高应变曲线拟合法检测结果 1

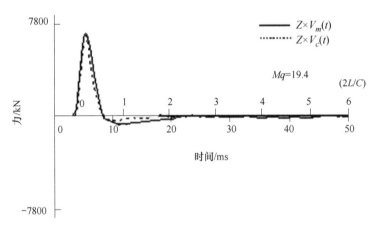

图 6-15　试验桩 3 回冻后高应变曲线拟合法检测结果 2

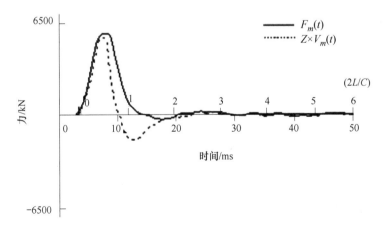

图 6-16　试验桩 6 回冻前高应变曲线拟合法检测结果 1

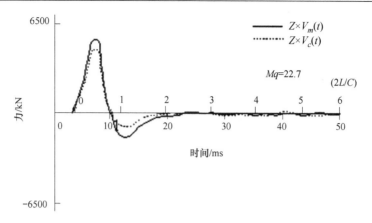

图 6-17　试验桩 6 回冻前高应变曲线拟合法检测结果 2

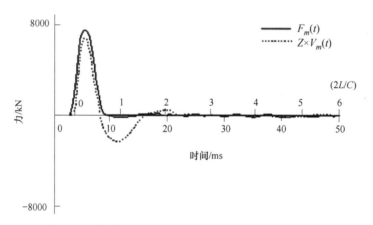

图 6-18　试验桩 6 回冻后高应变曲线拟合法检测结果 1

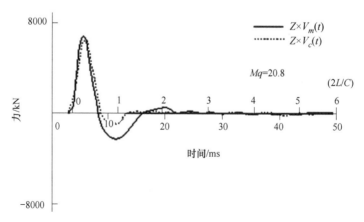

图 6-19　试验桩 6 回冻后高应变曲线拟合法检测结果 2

从以上各图中可以看出，拟合质量数 Mq 均小于 50，说明计算速度曲线与实测速度的曲线拟合情况较好，同一试验点处，静、动载试验桩的桩土体系完全相同；从试验结果看，高应变动测试验桩的灌入度均大于 2.5 mm，说明土阻力充分激发；静载试验荷载加载值达到了桩的破坏荷载，动、静载试验桩的破坏模式相同。此时测出的动、静极限承载力具有可比性。静载与高应变动测具体试验结果对比见表 6-3。

表 6-3 动、静载试验结果统计表

项目	试验桩 3				试验桩 6			
	回冻前		回冻后		回冻前		回冻后	
	静载试验	动载试验	静载试验	动载试验	静载试验	动载试验	静载试验	动载试验
极限承载力/kN	5199	5354	7431	7004	5020	5237	7334	7183
桩侧摩阻力/kN	4550	3866	6467	5977	3645	3628	5368	5383
桩侧摩阻力所占比例/%	87.5	72.2	87.0	85.3	72.6	69.3	73.2	74.9
动、静承载力比	1.03		0.94		1.04		0.98	
极限承载力误差/%	−2.98		5.75		−4.32		2.06	
极限承载力平均误差/%	3.78							

从表 6-3 中可以看出，岛状多年冻土桩基回冻前后，用实测曲线拟合法和自平衡静载法测出的极限承载力较接近，其极限承载力平均误差为 3.78%，小于 10%，说明高应变动测法可以准确地测出桩基极限承载力。

本章小结

本章详细论述了高应变动测试验（曲线拟合法的）的试验原理，用静载法实测出的各土层回冻后的桩侧摩阻力值修正高应变动测法桩-土力学模型中的土层参数，曲线拟合质量数 Mq 小于 50，计算曲线与实测曲线拟合情况较好；用此法测出了桩基回冻前后的承载力，与静载试验结果相比误差仅为 3.78%，说明在岛状多年冻土地区高应变动测法测出的桩基极限承载力与静载法所测出的极限承载力相符合。

7 桩基温度场及承载力的有限元模拟与分析

7.1 桩基温度场的模拟与分析

桥梁钻孔灌注桩桩基浇筑完成后，由于水泥混凝土水化热的作用对桩周冻土产生了扰动，桩基温度场的模拟与分析就是主要针对在温度梯度作用下桩-土间进行热量的传导而导致桩基及周围土体温度场变化而进行的分析与计算，根据相关参数的设置模拟出不同时点桩-土间的温度变化情况，综合分析、判断水化热作用下桩基的回冻时间。不同物质间进行热传导是一个非常复杂的过程，尤其是在冻土低温环境中桩-土间的温度场由于各种耦合的影响变化变得更为复杂。冻土的比热和导热系数都是变量，随着土体含水率、密实度、孔隙率、冻土温度、土体密度、矿物成分及粒径级配等指标的变化而不断改变，同时不同土层间及桩-土间的分界面是不规则的，这就造成不同物质间进行热量传递时能量守恒条件是非线性的，到目前为止，针对一个非线性问题还无法用传统的数学计算方法推导出解析解，因此，想准确推导出冻土条件下桩基温度场的变化情况还是非常不容易的，随着科技的发展，目前可以通过有限元分析软件解决此问题。有限元软件针对非线性问题的求解及处理不规则几何形状的实体结构有着明显的优势。

选用 MIDAS/FEA 有限元分析软件建立桩-土温度场的有限元模型来模拟桩-土热传递过程，与其他有限元软件相比，选用 MIDAS/FEA 最大的优点是其带有一个独立的水化热分析模块，其强大的前后处理模块极大地方便了模型的建立及分析结果的提取。本研究的分析模型充分考虑桩基混凝土水化热的影响，以试验地点 I 试验桩 2 为例，利用 MIDAS/FEA 建立空间三维模型，具体模拟步骤及分析结果如下。

7.1.1 热力学分析基本步骤

研究桩基温度场的变化主要是模拟分析桩-土间的热量传导及桩基的回冻进程，采用 MIDAS/FEA 进行分析的基本步骤如下。

（1）材料计算参数的定义，包括桩身混凝土、桩周各土层的密度、弹性模量、泊松比、膨胀系数、热传导率、比热等。

（2）定义时间依存特性，主要指混凝土桩的收缩、徐变特性，以及混凝土弹性模量随时间变化特性。

（3）建立结构模型，考虑到桩-土结构的对称性，取 1/4 结构进行建模，不仅可以提高建模速度、缩短分析时间，而且也便于查看内部温度分布及变化情况。为提高计算精度，该模型全部采用六面体单元建立，地基底部采用固定边界，两个对称面上采用对称边界约束。

（4）定义热源函数并分配热源，根据水泥种类、混合料配合比及试验数据定义热源函数，并将其分配给桩体单元。

（5）定义环境温度函数。

（6）定义固定温度及桩基外侧土体的边界位置，假定边界处冻土温度保持不变。

（7）水化热分析控制，定义分析参数、积分常数及初始温度。

（8）运行分析，进行热传导分析，为降低运算工作量，本模型只关注热传导过程，忽略应力计算。

（9）查看分析结果，通过温度云图查看水化热过程各节点温度随时间的变化情况。

7.1.2　模型计算假设

模型计算假设如下。

（1）分析计算过程中桩身与土体材料的物理指标不随时间改变。

（2）桩体完全依靠侧表面及底面进行热传导。

（3）桩身与桩周土体完全接触。

（4）不考虑外界空气对流的影响，太阳辐射对冻土和桩的温度场分布没有影响，即只考虑桩-土间的热量传热过程。

7.1.3　边界条件

由于模型只取了桩基的 1/4 结构，因此在对称面上施加对称约束，见二维码中的彩图 7-1 中红色部位，模型底部固结。为计算方便，将冻土和桩体的热学条件简化，认为各层冻土的温度是均匀分布。在远离桩孔的区域，假定土层温度保持不变，以强制温度加以约束（实测出的冻土低温为 -1.9 ℃），见二维码中的彩图 7-1 中蓝色部位，桩体初始温度设为混凝土浇筑的实测温度 16 ℃。

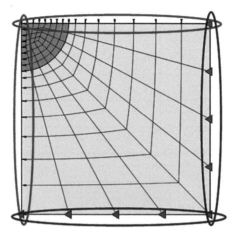

彩图

图 7-1 1/4 模型结构

7.1.4 几何模型相关参数

采用 MIDAS/FEA 对桩-土温度场进行模拟计算，计算单元采用八节点六面体单元，参考地质勘查资料建立分析模型，如图 7-2 所示，桩体共划分 4080 个单元，土体共 6784 个单元。各土层密度和含水率采用实测值，桩基和土层的其他参数参考相关文献及《冻土地区建筑地基基础设计规范》（JGJ 118—2011）进行选取，模型所用桩基和土层的具体参数见表 7-1 和表 7-2。

表 7-1 桩身力学参数

材料	弹性模量 /Pa	泊松比 μ	密度 /(kg·m⁻³)	水化热 /(kJ·kg⁻¹)	比热容 /(kJ·(m³·℃)⁻¹)	导热系数 /(W·(m·℃)⁻¹)
混凝土	3.0×10^{10}	0.165	2450	350	840	1.85

表 7-2 土层力学参数

土层	密度 /(g·cm⁻³)	含水率 /%	比热容 /(kJ·(m³·℃)⁻¹)	导热系数 /(W·(m·℃)⁻¹)	相变潜热 /(kJ·m⁻³)
填土	1.83	6.5	1031	1.73	122.5
泥炭土	1.64	12.5	1548	1.15	101.1
圆砾	2.24	11.4	1221	2.93	117.0
圆砾含土	1.76	13.4	1326	2.77	116.0

土层	密度 /(g·cm⁻³)	含水率 /%	比热容 /(kJ·(m³·℃)⁻¹)	导热系数 /(W·(m·℃)⁻¹)	相变潜热 /(kJ·m⁻³)
粉质黏土含圆砾	1.75	21.7	1688	2.52	114.0
块石夹土	2.42	12.2	921	3.01	125.2
凝灰岩	2.73	7.0	880	3.58	130.7

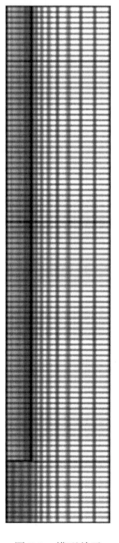

彩图

图 7-2　模型单元

7.1.5 桩体温度场模拟结果分析

为了验证模型的可靠性，将桩基浇筑完成后距离桩顶 4 m、8 m 和 12 m 处不同时点的模拟温度值与温度监测系统采集的实际值进行对比，具体对比结果见表 7-3。

表 7-3 桩基温度计算值与实测值的对比 （℃）

测点深度/m	获取方法	10 h	24 h	3 天	5 天	10 天	20 天	平均误差/%
4	实测值	16.5	17.5	20.2	19.9	13.2	5.5	9.6
	计算值	16.2	21.5	22.6	20.1	15.1	5.2	
8	实测值	16.3	17.9	21.4	16.7	8.8	3.6	9.5
	计算值	16.5	19.2	20.9	18.8	9.8	4.4	
12	实测值	16.2	16.5	16.4	13.7	6.1	2.8	8
	计算值	16.4	17.2	18.8	13.9	5.8	2.2	

从表 7-3 可看出，桩基各深度处模拟计算的桩基温度与实测值基本相同，温度计算值与实测值的平均误差均小于 10%，说明桩基温度分析模型是可靠的。利用桩基温度分析模型得到的桩基浇筑完成后不同时点的桩基温度场如图 7-3~图 7-14 所示。

9.9%	$+1.64494\times2.71828^{1}$
6.4%	$+1.52963\times2.71828^{1}$
5.7%	$+1.41432\times2.71828^{1}$
3.9%	$+1.29901\times2.71828^{1}$
5.7%	$+1.18370\times2.71828^{1}$
4.1%	$+1.06840\times2.71828^{1}$
4.8%	$+9.53087\times2.71828^{0}$
5.0%	$+8.37778\times2.71828^{0}$
3.9%	$+7.22470\times2.71828^{0}$
4.0%	$+6.07161\times2.71828^{0}$
3.7%	$+4.91852\times2.71828^{0}$
6.2%	$+3.76544\times2.71828^{0}$
4.2%	$+2.61235\times2.71828^{0}$
4.0%	$+1.45926\times2.71828^{0}$
6.3%	$+3.06174\times2.71828^{-1}$
22.2%	$-8.46913\times2.71828^{-1}$
	$-2.00000\times2.71828^{0}$

彩图

图 7-3 10 h 桩-土温度场

7.7%	$+2.49808 \times 2.71828^{1}$
5.3%	$+2.32175 \times 2.71828^{1}$
5.4%	$+2.14543 \times 2.71828^{1}$
5.8%	$+1.96910 \times 2.71828^{1}$
5.8%	$+1.79277 \times 2.71828^{1}$
5.3%	$+1.61644 \times 2.71828^{1}$
4.9%	$+1.44012 \times 2.71828^{1}$
5.2%	$+1.26379 \times 2.71828^{1}$
5.2%	$+1.08746 \times 2.71828^{1}$
5.3%	$+9.11133 \times 2.71828^{0}$
4.1%	$+7.34806 \times 2.71828^{0}$
4.7%	$+5.58478 \times 2.71828^{0}$
5.3%	$+3.82151 \times 2.71828^{0}$
4.6%	$+2.05823 \times 2.71828^{0}$
6.5%	$+2.94960 \times 2.71828^{-1}$
18.9%	$-1.46831 \times 2.71828^{0}$
	$-3.23159 \times 2.71828^{0}$

彩图

图 7-4　18 h 桩-土温度场

6.2%	$+2.68755 \times 2.71828^{1}$
6.6%	$+2.50708 \times 2.71828^{1}$
5.3%	$+2.32661 \times 2.71828^{1}$
5.3%	$+2.14613 \times 2.71828^{1}$
5.6%	$+1.96566 \times 2.71828^{1}$
5.7%	$+1.78519 \times 2.71828^{1}$
5.4%	$+1.60472 \times 2.71828^{1}$
4.4%	$+1.42425 \times 2.71828^{1}$
5.2%	$+1.24377 \times 2.71828^{1}$
5.4%	$+1.06330 \times 2.71828^{1}$
4.8%	$+8.82831 \times 2.71828^{0}$
5.5%	$+7.02359 \times 2.71828^{0}$
4.0%	$+5.21887 \times 2.71828^{0}$
6.0%	$+3.41415 \times 2.71828^{0}$
4.9%	$+1.60944 \times 2.71828^{0}$
19.6%	$-1.95282 \times 2.71828^{-1}$
	$-2.00000 \times 2.71828^{0}$

彩图

图 7-5　24 h 桩-土温度场

3.4%	$+2.45960 \times 2.71828^{1}$
6.8%	$+2.29150 \times 2.71828^{1}$
6.8%	$+2.12339 \times 2.71828^{1}$
5.9%	$+1.95529 \times 2.71828^{1}$
6.0%	$+1.78718 \times 2.71828^{1}$
5.1%	$+1.61908 \times 2.71828^{1}$
6.1%	$+1.45098 \times 2.71828^{1}$
5.4%	$+1.28287 \times 2.71828^{1}$
5.1%	$+1.11477 \times 2.71828^{1}$
5.7%	$+9.46663 \times 2.71828^{0}$
4.6%	$+7.78558 \times 2.71828^{0}$
5.2%	$+6.10454 \times 2.71828^{0}$
5.0%	$+4.42350 \times 2.71828^{0}$
6.1%	$+2.74245 \times 2.71828^{0}$
5.5%	$+1.06141 \times 2.71828^{0}$
17.4%	$-6.19634 \times 2.71828^{-1}$
	$-2.30068 \times 2.71828^{0}$

彩图

图 7-6 48 h 桩-土温度场

0.1%	$+2.38281 \times 2.71828^{1}$
0.2%	$+2.21832 \times 2.71828^{1}$
4.6%	$+2.05384 \times 2.71828^{1}$
6.9%	$+1.88935 \times 2.71828^{1}$
8.6%	$+1.72486 \times 2.71828^{1}$
7.1%	$+1.56038 \times 2.71828^{1}$
7.3%	$+1.39589 \times 2.71828^{1}$
5.9%	$+1.23141 \times 2.71828^{1}$
5.8%	$+1.06692 \times 2.71828^{1}$
5.8%	$+9.02436 \times 2.71828^{0}$
5.8%	$+7.37950 \times 2.71828^{0}$
6.1%	$+5.73465 \times 2.71828^{0}$
5.7%	$+4.08979 \times 2.71828^{0}$
6.3%	$+2.44494 \times 2.71828^{0}$
7.1%	$+8.00080 \times 2.71828^{-1}$
16.8%	$-8.44776 \times 2.71828^{-1}$
	$-2.48963 \times 2.71828^{0}$

彩图

图 7-7 3 天桩-土温度场

0.1%	$+2.55600 \times 2.71828^{1}$
0.2%	$+2.38039 \times 2.71828^{1}$
0.5%	$+2.20477 \times 2.71828^{1}$
0.4%	$+2.02916 \times 2.71828^{1}$
0.5%	$+1.85355 \times 2.71828^{1}$
0.4%	$+1.67793 \times 2.71828^{1}$
0.6%	$+1.50232 \times 2.71828^{1}$
7.5%	$+1.32671 \times 2.71828^{1}$
12.4%	$+1.15109 \times 2.71828^{1}$
13.2%	$+9.75481 \times 2.71828^{0}$
9.7%	$+7.99868 \times 2.71828^{0}$
8.0%	$+6.24255 \times 2.71828^{0}$
8.8%	$+4.48641 \times 2.71828^{0}$
9.0%	$+2.73028 \times 2.71828^{0}$
9.4%	$+9.74148 \times 2.71828^{-1}$
19.2%	$-7.81984 \times 2.71828^{-1}$
	$-2.53812 \times 2.71828^{0}$

彩图

图 7-8　5 天桩-土温度场

0.1%	$+2.06409 \times 2.71828^{1}$
0.3%	$+1.92258 \times 2.71828^{1}$
0.6%	$+1.78108 \times 2.71828^{1}$
0.6%	$+1.63957 \times 2.71828^{1}$
0.5%	$+1.49807 \times 2.71828^{1}$
0.7%	$+1.35656 \times 2.71828^{1}$
0.6%	$+1.21505 \times 2.71828^{1}$
0.7%	$+1.07355 \times 2.71828^{1}$
0.9%	$+9.32044 \times 2.71828^{0}$
0.8%	$+7.90538 \times 2.71828^{0}$
1.1%	$+6.49033 \times 2.71828^{0}$
9.4%	$+5.07527 \times 2.71828^{0}$
27.2%	$+3.66022 \times 2.71828^{0}$
17.3%	$+2.24516 \times 2.71828^{0}$
14.5%	$+8.30109 \times 2.71828^{-1}$
24.9%	$-5.84946 \times 2.71828^{-1}$
	$-2.00000 \times 2.71828^{0}$

彩图

图 7-9　10 天桩-土温度场

0.1%	$+2.70605 \times 2.71828^{1}$
0.3%	$+2.52196 \times 2.71828^{1}$
0.6%	$+2.33786 \times 2.71828^{1}$
0.7%	$+2.15376 \times 2.71828^{1}$
0.6%	$+1.96967 \times 2.71828^{1}$
0.7%	$+1.78557 \times 2.71828^{1}$
0.7%	$+1.60147 \times 2.71828^{1}$
0.8%	$+1.41738 \times 2.71828^{1}$
1.0%	$+1.23328 \times 2.71828^{1}$
0.9%	$+1.04918 \times 2.71828^{1}$
1.0%	$+8.65086 \times 2.71828^{0}$
1.2%	$+6.80990 \times 2.71828^{0}$
1.5%	$+4.96893 \times 2.71828^{0}$
7.5%	$+3.12797 \times 2.71828^{0}$
47.6%	$+1.28700 \times 2.71828^{0}$
34.7%	$-5.53965 \times 2.71828^{-1}$
	$-2.39493 \times 2.71828^{0}$

彩图

图 7-10 20 天桩-土温度场

0.1%	$+2.39553 \times 2.71828^{1}$
0.3%	$+2.23226 \times 2.71828^{1}$
0.6%	$+2.06900 \times 2.71828^{1}$
0.7%	$+1.90573 \times 2.71828^{1}$
0.6%	$+1.74247 \times 2.71828^{1}$
0.7%	$+1.57920 \times 2.71828^{1}$
0.7%	$+1.41594 \times 2.71828^{1}$
0.8%	$+1.25267 \times 2.71828^{1}$
1.0%	$+1.08940 \times 2.71828^{1}$
0.9%	$+9.26139 \times 2.71828^{0}$
1.0%	$+7.62873 \times 2.71828^{0}$
1.2%	$+5.99607 \times 2.71828^{0}$
1.5%	$+4.36341 \times 2.71828^{0}$
5.1%	$+2.73076 \times 2.71828^{0}$
24.9%	$+1.09810 \times 2.71828^{0}$
60.0%	$-5.34560 \times 2.71828^{-1}$
	$-2.16722 \times 2.71828^{0}$

彩图

图 7-11 40 天桩-土温度场

0.1%	$+1.59993\times2.71828^{1}$
0.4%	$+1.48743\times2.71828^{1}$
0.7%	$+1.37494\times2.71828^{1}$
0.7%	$+1.26244\times2.71828^{1}$
0.6%	$+1.14994\times2.71828^{1}$
0.8%	$+1.03745\times2.71828^{1}$
0.8%	$+9.24954\times2.71828^{0}$
0.8%	$+8.12458\times2.71828^{0}$
1.1%	$+6.99963\times2.71828^{0}$
1.0%	$+5.87468\times2.71828^{0}$
1.2%	$+4.74972\times2.71828^{0}$
1.3%	$+3.62477\times2.71828^{0}$
2.0%	$+2.49981\times2.71828^{0}$
6.4%	$+1.37486\times2.71828^{0}$
8.0%	$+2.49907\times2.71828^{-1}$
74.0%	$-8.75046\times2.71828^{-1}$
	$-2.00000\times2.71828^{0}$

彩图

图 7-12　80 天桩-土温度场

0.1%	$+3.42022\times2.71828^{0}$
0.6%	$+3.07891\times2.71828^{0}$
0.7%	$+2.73759\times2.71828^{0}$
0.6%	$+2.39627\times2.71828^{0}$
0.7%	$+2.05496\times2.71828^{0}$
0.7%	$+1.71364\times2.71828^{0}$
1.0%	$+1.37233\times2.71828^{0}$
0.8%	$+1.03101\times2.71828^{0}$
1.2%	$+6.89692\times2.71828^{-1}$
1.2%	$+3.48376\times2.71828^{-1}$
3.4%	$+7.05987\times2.71828^{-3}$
5.0%	$-3.34256\times2.71828^{-1}$
3.4%	$-6.75573\times2.71828^{-1}$
3.7%	$-1.01689\times2.71828^{0}$
5.8%	$-1.35821\times2.71828^{0}$
70.8%	$-1.69952\times2.71828^{0}$
	$-2.04084\times2.71828^{0}$

彩图

图 7-13　100 天桩-土温度场

0.2%	$+1.80365\times2.71828^{-1}$
3.8%	$-4.70693\times2.71828^{-1}$
9.5%	$-1.12175\times2.71828^{0}$
78.2%	$-1.77281\times2.71828^{0}$
1.3%	$-2.42387\times2.71828^{0}$
1.0%	$-3.07493\times2.71828^{0}$
0.9%	$-3.72598\times2.71828^{0}$
1.0%	$-4.37704\times2.71828^{0}$
0.8%	$-5.02810\times2.71828^{0}$
0.8%	$-5.67916\times2.71828^{0}$
0.7%	$-6.33022\times2.71828^{0}$
0.6%	$-6.98128\times2.71828^{0}$
0.5%	$-7.63233\times2.71828^{0}$
0.4%	$-8.28339\times2.71828^{0}$
0.2%	$-8.93445\times2.71828^{0}$
0	$-9.58551\times2.71828^{0}$
	$-1.02366\times2.71828^{1}$

彩图

图 7-14　120 天桩-土温度

二维码中的彩图 7-3 中，红色区域为高温区，蓝色为低温区，其余颜色代表高、低温度间的渐变区，从二维码中的彩图 7-14 中可以看出，120 天后，桩-土间的温度基本保持一致，温度分布基本集中在 -1.9 ℃左右，模拟结果与实测结果相符合，证明模型建立正确，计算结果可靠。以此模型计算不同入模温度条件下，桩基的回冻时间模拟结果见表 7-4。

表 7-4　桩基回冻时间模拟统计表

入模温度/℃	5	10	15	20	25
回冻历时/天	65	80	115	154	205

将表 7-4 中的模拟结果进行线性回归，得出的回归方程如图 7-15 所示。

结合图 7-15 中得出的回归方程及试验桩 2 的相关参数，建立高纬度低海拔岛状多年冻土地区类似地质条件下的处于多年冻土层中桥梁桩基回冻时间的计算方程，如式（7-1）所示。

$$T = 46.834\mathrm{e}^{0.059t}\alpha_1\alpha_2\alpha_3 \tag{7-1}$$

式中　T——桩基回冻时间，天；

t——入模温度，℃；

α_1——桩长修正系数；

α_2——桩径修正系数；

α_3——冻土地温修正系数。

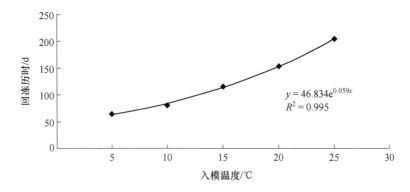

图 7-15　入模温度与桩基回冻历时的线性回归曲线

α_1、α_2、α_3 分别以桩长、桩径、冻土地温中的一个因素为变量，固定其余参数用有限元模型计算出对应的桩基回冻时间，将计算出的回冻时间比上试验桩 2 的实测回冻时间，再将比值与对应的变量进行线性回归得出回归方程，如图 7-16～图 7-18 所示。

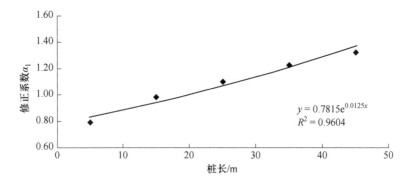

图 7-16　α_1 回归曲线

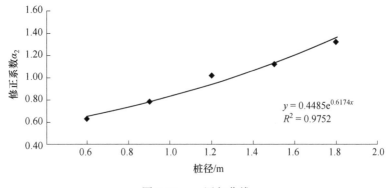

图 7-17　α_2 回归曲线

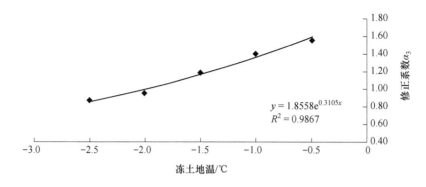

图 7-18 α_3 回归曲线

将试验桩 5 的相关计算参数（见表 4-1）代入图 7-16~图 7-18 中的回归方程得出各修正系数，再代入式（7-1），得出的桩基回冻时间为 101 天，与实际观测结果 105 天相符合，证明计算方程可靠。

7.2　桩基承载力的模拟与分析

ANSYS 是一款大型的有限元软件，能够较好地求解冻土环境中各种耦合作用下桩-土间作用力的非线性问题。具体建模步骤及分析如下。

7.2.1　桩基承载力分析步骤

应用 ANSYS 有限元分析软件对桩基的承载进行模拟与分析的基本步骤如下：

（1）建立桩-土有限元本构关系模型；

（2）定义相关材料的属性；

（3）分别对桩、土进行网格划分；

（4）建立桩-土接触对；

（5）定义边界条件；

（6）通过荷载步在桩顶施加竖向荷载；

（7）分析计算和后处理。

7.2.2　几何模型基本假定

桩-土的 ANSYS 有限元模型的基本假定如下：

（1）采用总应力法进行分析计算；

（2）对桩-土间作用力采用弹塑性模型 Drucker-Prager（DP）进行模拟；

（3）不考虑土体的应力与位移场；

（4）同一层土内的土为均质、各向同性；

（5）桩身与桩侧土之间不产生滑移；

（6）分析计算过程中桩身与土体材料的物理指标不随时间改变。

7.2.3　土的本构模型

选用 ANSYS 有限元分析软件中的 Drucker-Prager 屈服准则来分析桩-土间的作用。与摩尔-库仑准则相似，DP 准则同样也包含了 3 个基本参数（黏聚力、摩擦角、膨胀角）。DP 准则被认为是较为理想的弹塑性模型，具有较好的适用性，能够用于不同环境条件下各种土层、岩层及混凝土等材料的计算。使用 DP 屈服准则能够较好地模拟出现场的实际工况、能够较准确地模拟分析出桩-土间不同工况条件下的作用力。

7.2.4　桩-土的接触关系

桩-土间存在较为复杂的接触关系，需要采用较为烦琐的非线性分析。是否能够准确地定义出桩-土间的接触关系直接影响了整个模型计算的准确性。接触问题通常分为刚性体与柔性体、半柔性体与柔性体间的相互接触两种。在 ANSYS 中桩-土间的接触方式通常分为：点-点、点-面、面-面 3 种形式，根据不同分析情况采用不同的接触形式。本书采用 ANSYS 有限元分析软件模拟冻土条件下对桩-土进行受力分析时，采用刚体与柔体的接触模式，对于不同的接触问题应该采用不同类型的接触单元模拟分析，采用单元模拟物体之间面-面的接触，用节点模拟物体之间点-点的接触。能否准确地选用接触单位将直接影响到模拟结果的准确性。通常将具有较高刚度的桩体设定为"目标"面，即刚性面，桩周土体设定为"接触"面，即柔性面，将这两个面合结合起来称为一组"接触对"。在 ANSYS 的程序中，2D 和 3D 的"目标"面可利用 Targe169 和 Targe170 来分别模拟，"接触"面用 Conta172、Conta173、Conta174 来模拟，"接触对"通过共用实常数进行识别。

7.2.5 荷载及边界条件

在对荷载进行定义设置时，主要考虑外界施加的竖直荷载、桩基自身重力、桩侧的摩阻力以及桩底的桩端阻力。自身重力通常采用对桩身及桩侧土体施加重力加速度的方法来模拟；对于外界所施加的荷载则通过转换成作用在桩顶的均布荷载进行模拟；通过设定桩-土间的摩擦系数，模拟桩-土间的接触摩擦。

在对桩基边界条件定义时，对桩基侧面施加对称约束，同时对桩基底面施加 X、Y、Z 3 个方向的约束。因为桩基竖向荷载有限元计算分析模型是轴对称结构，因此只建立 1/4 模型来模拟分析整个桩-土受力情况。

7.2.6 桩基模型的建立与分析

用 ANSYS 有限元分析软件进行桩-土受力分析时，通过模拟在桩顶施加相同等级的荷载，获得桩基不同工况条件下的位移量及桩-土间的作用力。选取六面体 8 节点的 Solid45 实体单元来模拟桩身与桩周土层，采用刚体与柔体的接触形式模拟桩-土间的接触面。将桩身作为刚性面，即"目标"面，利用 Targe170 进行模拟，桩周土体作为柔性面，即"接触"面，利用 Conta173 进行模拟。在模型的建立过程中，桩基受力属于轴对称问题，因此按照 1/4 桩及桩周土体创建 ANSYS 计算模型。桩侧土体取 10 倍桩径宽度，桩底土体取 10 倍桩半径。采用 Drucker-Prager 模型模拟桩身及土体力学特性。为了模拟实际工况，土层分布及荷载加载数值与实际相一致，以试验桩 1、2 为例进行分析。建立的有限元模型如图 7-19 所示。桩基及各土层参数参考相关文献进行选取，见表 7-1 和表 7-5。

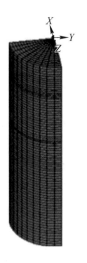

图 7-19　模型单元图

表 7-5　土层力学参数

土层	弹性模量 /MPa	泊松比 μ	密度 /(g·cm⁻³)	含水率 /%	内摩擦角/(°)		黏聚力/kPa	
					未冻结	冻结	未冻结	冻结
填土	4.2×10^9	0.30	1.83	6.5	16	20	62	77
泥炭土	6.2×10^8	0.38	1.64	12.5	15	18	53	68
圆砾	6.8×10^9	0.25	2.24	11.4	27	33	64	83
圆砾含土	5.4×10^9	0.28	1.76	13.4	23	32	76	108
粉质黏土含圆砾	3.3×10^9	0.35	1.75	21.7	14	26	87	122
块石夹土	8.9×10^9	0.30	2.42	12.2	31	35	125	181
凝灰岩	3.7×10^{10}	0.30	2.73	7.0	33	41	850	1000

　　利用有限元软件，模拟分析相同荷载作用时不同冻结深度条件下，桩基承载力、桩侧摩阻力及桩端阻力的变化情况。分析模型所施加的荷载与试验桩 1 静载试验所测出的桩基极限承载力（5199 kN）相同，在荷载作用下，桩基不同，冻结深度（未冻结、冻结深度为距桩底 1/3 L（5 m）、2/3 L（10 m）和 L（15 m）处）所对应的桩身位移如图 7-20~图 7-23 所示。

彩图

0		0.604×10⁻²		0.021209		0.021813		0.022418	

0　$0.604×10^{-2}$　0.021209　0.021813　0.022418
$0.302×10^{-2}$　$0.907×10^{-2}$　0.021511　0.022115　0.02272

图 7-20　回冻前桩身沉降图

彩图

0　$0.619×10^{-3}$　0.004638　0.012457　0.016276
$0.209×10^{-3}$　0.001228　0.008047　0.014866　0.018685

图 7-21　冻深为 5 m 时桩身沉降图

彩图

| 0 | 0.001065 | 0.004129 | 0.073194 | 0.012259 |
| | 0.532×10⁻³ | 0.002597 | 0.062662 | 0.009726 | 0.015791 |

图 7-22　冻深为 10 m 时桩身沉降图

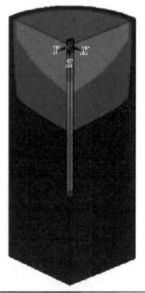

彩图

| 0 | 0.002361 | 0.004721 | 0.007082 | 0.011443 |
| | 0.00112 | 0.003541 | 0.005902 | 0.009262 | 0.013623 |

图 7-23　冻深为 15 m 时桩身沉降图

为了验证模型的可靠性，将模拟计算出的位移值与试验桩1、2通过静载试验换算出的位移值进行比较，具体结果见表7-6。

表7-6 桩基位移的模拟值与实测值对比表

冻结深度/m	荷载/kN	实测位移/mm	模拟位移/mm	位移偏差/%
0	5199	21.4	22.7	6.1
15	5199	12.4	13.6	9.7

从分析结果看，在相同荷载作用下，采用有限元模拟分析得出的位移值要略大于静载试验的实测值，这主要是受到分析模型中相关材料的属性定义、边界条件及接触条件定义、迭代计算偏差的影响，但位移偏差均小于10%，说明所建模型的分析结果还是可靠的。分别提取桩身不同冻结深度条件下对应的桩端阻力和桩侧摩阻力值见表7-7。

表7-7 桩身受力计算值

距桩底不同冻结深度/m	荷载/kN	桩端阻力/kN	桩侧摩阻力/kN	桩端阻力所占比例/%
0	5199	672	4527	12.93
5	5199	618	4581	11.89
10	5199	520	4679	10.00
15	5199	355	4844	6.83

从表7-7中可以看出，在荷载相同的条件下，桩端阻力随着桩基冻结深度的增加不断减小，桩侧摩阻力不断增大，与未冻结时相比，当桩基完全冻结时，桩侧摩阻力的增加幅度（即桩端阻力的较小幅度）约为总承载力的6.1%，这主要是由于土层在冻结过程中冰的胶结作用使桩-土、土-土间的结合力增强，桩及周围土体冻结成一个整体共同抵抗外荷载的作用。同时，竖向荷载在传递过程中，要克服土层的摩阻力，当荷载较小时，桩身受力完全由桩侧摩阻力承担，桩端无压缩；随着荷载的增大，各土层桩侧摩阻力得到充分发挥后，桩端开始逐渐承受荷载作用，桩端阻力不断变大。但随着土层的冻结桩侧摩阻增大，承担荷载的能力进一步提高，从而使桩端阻力变小。

7.3 工程实例设计

结合工程实例设计简要阐述桩基静载、动测试验结果及本章所建立的桩基温度场、承载力计算模型及相应研究成果在大兴安岭岛状多年冻土地区进行桥梁桩基工程建设中的应用。

已知，桩基设计时经计算单桩桩顶竖向所受到的最大荷载 N_h 为 3500 kN，冻土上限为 2.2 m，冻土地温为 −2.0 ℃，土层分布情况及相关力学参数见表 7-8（力学参数的选取原则为：冻土上限以上的各土层按非冻土进行相关参数的选取，冻土上限以下的各土层按冻土进行相关参数的选取），桩径拟定为 1.0m、混凝土入模温度为 17 ℃，根据以上给定的条件确定桩长及计算桩基的回冻时间。

在掌握各土层摩阻力及确定桩径的基础上，可以根据《公路桥涵地基与基础设计规范》（JTG 3363—2019）中摩擦桩单桩轴向受压承载力容许值 $[R_a]$ 的计算式（7-2）反算桩的长度。

表 7-8 计算参数

土层编号	土层名称	土层厚度/m	摩阻力值/kPa	承载力容许值/kPa
1	泥炭土	0.5	25	100
2	圆砾	1.7	88	350
3	圆砾含土	8.5	102	300
4	块石夹土	2.0	140	800
5	强风化凝灰岩	10.0	143	1500

$$N_h = [R_a] = \frac{1}{2}u\sum_{i=1}^{n}l_i q_{ik} + \lambda m_0 A_p\{[f_{a0}] + k_2\gamma_2(h-3)\} \tag{7-2}$$

式中 N_h——单桩桩顶竖向所受到的最大荷载，kN；

    $[R_a]$——单桩轴向受压承载力容许值，kN；

     u——桩身周长，m；

    A_p——桩端截面面积，m²；

    l_i——土层厚度，m；

    q_{ik}——土层摩阻力实测值，kPa；

   $[f_{a0}]$——桩端处土的承载力基本容许值，kPa；

    h——桩的埋置深度，m；

    k_2——容许承载力随深度的修正系数，取 3.0；

γ_2——桩端以上各层土的加权平均重度，kN/m^3；

λ——修正系数，取 0.65。

冻土上限以上的各土层按非冻土进行相关参数的选取，冻土上限以下的各土层按冻土进行相关参数的选取，将相关参数代入式（7-2），经计算桩长取值为16 m。

将设计出的桩径、桩长及测量出的桩基所在区域冻土地温等参数代入式（7-1）中，计算出桩基的回冻时间为 102 天。

由于桩基完成回冻的时间较长，可以利用桩基温度场分析模型模拟出不同时间节点对应的桩基回冻进程，将计算出的桩基冻结深度代入桩基承载力的计算模型中，再根据桩顶容许变形量确定桩基不同回冻进程时所对应的桩基承载力，进而指导下一步工程施工的时间节点。

在桩基回冻过程中，为了验证计算出的桩基承载力，在确定各土层摩阻力的前提下，可以应用高应变动测法快速得出桩基承载力。

本章小结

　　本章利用有限元软件建立模型，结合桩基温度监测结果验证了桩基温度场模型的可靠性，在此基础上分析不同入模温度、桩径、桩长及冻土地温条件下的桩基回冻时间，根据模拟结果建立桩基回冻时间的计算方程；并模拟分析相同荷载作用下桩基不同冻结深度所对应的桩基承载力的变化，分析结果表明，随着桩基冻结深度的增加，土体冻结后，由于冰胶结的作用使桩-土的作用力增强，桩侧摩阻力变大，在相同荷载作用下，桩基冻结深度越深，传递到桩底的作用力越小。

结　　论

（1）温度监测结果表明，试验桩所在区域岛状多年冻土地温约为−1.9 ℃，桥梁钻孔灌注桩浇筑完成后，桩身温度是动态变化的，桩身回冻后冻土上限以下的温度趋近于所在区域的冻土地温。

（2）在冻土地温作用下，桩基首先由桩底向上进行单向冻结，当大气温度降到 0 ℃以下时，桩基在上下两个方向同时冻结，回冻后，桩身内部温度与桩侧1 m 处的土体温度变化趋势相同，且相同深度处的温差小于 0.1 ℃时，此时可判断桩基完成回冻。根据桩-土的相关参数及实测回冻进程，利用有限元分析软件建立了桩基温度场模型，通过变换不同工况条件总结出了桩基回冻时间的计算方程并验证了模型及计算方程的可靠性。

（3）随着桩基的回冻，桩-土间的冻结力逐渐形成，回冻后两个试验地点处试验桩桩端阻力平均增幅为 45.8%。回冻后各土（岩）层的桩侧摩阻力也都有所增加，其中块石夹土增加幅度为 75%、岩层增加幅度为 30%~46%、圆砾与土按不同比例组成的土层增加幅度为 30%~70%，两个试验地点冻土上限以下各（岩）土层平均增长率分别为 49.6% 和 41.7%。

（4）桩基回冻后，在冰的胶结作用下，桩-土共同承受外荷载作用，根据桩基回冻后等效桩顶加载 Q-S 曲线的变化表明，随着荷载的增加，桩基位移基本保持线性变化，达到极限荷载时，桩基位移迅速增大，试验地点 Ⅰ 处桩基回冻前后桩基极限承载力分别为 5199 kN 和 7431 kN，试验地点 Ⅱ 处桩基回冻前后桩基极限承载力分别 5020 kN 和 7334 kN，桩基回冻后的承载力约为回冻前承载力的1.45 倍。

（5）用静载法实测出的各土层回冻后的桩侧摩阻力值修正高应变动测法桩-土力学模型中的土层参数，曲线拟合质量数 Mq 小于 50，计算曲线与实测曲线拟合情况较好。两个试验点处桩基回冻后静载与动测试验所得到的桩基极限承载力平均误差为 3.78%，说明在岛状多年冻土地区高应变动测法测出的桩基极限承载力与静载法所测出的极限承载力相符合。

参 考 文 献

［1］ Ahmad S N, Prakash O. Thermal performance evaluation of an earth-to-air heat exchanger for the heating mode applications using an experimental test rig ［J］. Archives of Thermodynamics, 2022（43）:185-207.

［2］ Amiri G S, Grimstad G, Kadivar M, et al. Constitutive model for rate-independent behavior of saturated frozen soils ［J］. Canadian Geotechnical Journal, 2016, 53（10）: 1646-1657.

［3］ Athraa A G, Qassun S M S, Asma T I. Finite element analysis of the geogrid-pile foundation system under earthquake loading ［J］. Al-Nahrain Journal for Engineering Sciences, 2019, 22（3）: 202-207.

［4］ Biggar K W, Kong V. An analysis of long-term pile load tests in permafrost from the short range radar site foundations ［J］. Canadian Geotechnical Journal, 2001, 38（3）: 441-460.

［5］ Biggar K W, Sego D C. Field load testing of various pile configurations in saline permafrost and seasonally frozen rock ［C］. Proceedings of the 42nd Canadian Geotechnical Conference. Canadian Geotechnical Conference, 1989: 304-312.

［6］ Biggar K W, Sego D C. The strength and deformation behavior of model adfreeze and grouted piles in saline frozen soils ［J］. Canadian Geotechnical Journal, 1993, 30（2）: 319-337.

［7］ Bonaicina C, Fasana A, Comini G, et al. Numerical solution of phase change problems ［J］. International Journal of Heat and Mass Transfer, 1973, 16（6）: 1832-1852.

［8］ Bonaicina C, Fasana A, Comini G, et al. Numerical solution of phase change problems ［J］. International Journal of Heat and Mass Transfer, 1973（16）: 1825-1832.

［9］ Budi G S, Kosasi M, Wijaya D H. Bearing capacity of pile foundations embedded in clays and sands layer predicted using PDA test and static load test ［J］. Procedia Engineering, 2015, 125: 406-410.

［10］ Zhang C, Lu N. Soil sorptive potential-based paradigm for soil freezing curves ［J］. Journal of Geotechnical and Geoenvironmental Engineering, 2021, 147（9）: 04021086.

［11］ Bustamante M, Gouvenot D. A method improving the bearing capacity of deep foundation ［R］. The 8th European Conferenc on Soil Mechanics and Foundation Engineering, 1975, 16（6）: 1832-1852.

［12］ Chandler R J, Martins J P. An experimental study of skin friction around pile in clay ［J］. Geotechnique, 1987, 32（2）: 119-132.

［13］ Chen K, Yu Q H, Guo L, et al. Analysis of pile-soil heat transfer process based on field test in permafrost regions ［J］ Chinese Journal of Rock Mechanics and Engineering, 2020, 39（7）: 1483-1493.

［14］ Chen K, Yu Q, Guo L, et al. A fast- freezing system to enhance the freezing force of cast-in-place pile quickly in permafrost regions ［J］. Cold Regions Science and Technology, 2020, 179: 103140.

［15］ Chen G A, Liu D J. Study on matching calculation for high strain test piles ［J］. Chinese Journal of Engineering Geophysics, 2008, 5 (2): 215-221.

［16］ Chen J Z, Wen Z T. A theoretical study on the impulse response of hammer-pile-soil system in high strain dynamic pile test ［J］. China Civil Engineering Journal, 2007, 40 (5): 53-60.

［17］ Chen R B, Zhang J C, Chen Z Y, et al. A novel numerical method for calculating vertical bearing capacity of prestressed pipe piles ［J］. Advances in Civil Engineering, 2020, 2: 1-20.

［18］ Cheng H W, Wen Z, Yang C. Changes in the seasonally frozen ground over the eastern Qinghai-Xizang plateau in the past 60 years ［J］. Frontiers in Earth Science, 2020, 8: 270.

［19］ Cheng P F, Ji C. Analysis of dynamic monitoring method for temperature of island permafrost pile and soil around pile ［J］. Journal of China & Foreign Highway, 2015, 35 (5): 50-53.

［20］ Chow Y K. Low strain integrity testing of piles: Three-dimensional effects ［J］. Journal of Geotechnical and Geoenvironmental Engineering, 2003, 129 (11): 1057-1062.

［21］ Ding X M, Luan L B, Zhang C J, et al. An analytical solution for wave propagation in a pipe pile with multiple defects ［J］. Acta Mechanica Solida Sinica, 2020, 33 (2): 251-267.

［22］ Domaschuk L, Shields D H, Fransson L. Reactive soil pressures along pile in frozen sand ［J］. Journal of Cold Regions Engineering, 1991, 5 (4): 174-194.

［23］ Faki A, Sushama L, Doré G. Regional-scale investigation of pile bearing capacity for Canadian permafrost regions in a warmer climate ［J］. Cold Regions Science and Technology, 2022: 201.

［24］ Foriero A, St-Laurent N, Ladanyi B. Laterally loaded pile study in permafrost of northern québec, canada ［J］. Journal of Cold Regions Engineering, 2005, 19 (3): 61-84.

［25］ Meyerhof G G. The ultimate bearing capacity of foundations ［J］. Geotechnique, 1951, 2 (4): 301-303.

［26］ Gao Q, Weng Z, Ming F, et al. Applicability evaluation of cast-in-place bored pile in permafrost regions based on a temperature-tracking concrete hydration model ［J］. Applied Thermal Engineering, 2019, 149: 484-491.

［27］ Gong F, Si X, Li X, et al. Dynamic triaxial compression tests on sandstone at high strain rates and low confining pressures with split Hopkinson pressure bar ［J］. International Journal of Rock Mechanics and Mining Sciences, 2019, 113: 211-219.

［28］ Guo M, Lu Y, Yu W B, et al. Permafrost change and its engineering effects under climate change and airport construction scenarios in northeast China ［J］. Transportation Geotechnics, 2023, 43: 77-86.

［29］ 催托维奇 H A. 冻土力学［M］. 张长庆，朱元林，译. 北京：科学出版社，1985.

［30］ Han L P, Hao J P, Li T, et al. Seasonal deformation of permafrost in Wudaoliang basin in Qinghai-Xizang plateau revealed by StaMPS-InSAR［J］. Marine Geodesy, 2020, 43（3）：248-268.

［31］ Harlan R L. Analysis of coupled heat-fluid transport in partially frozen soil［J］. Water Resource Research, 1975, 12（3）：75-79.

［32］ Hjort J, Streletskiy D, Doré G, et al. Impacts of permafrost degradation on infrastructure［J］. Nature Communications, 2022, 3：24-38.

［33］ Hou X, Chen J, Jin H J, et al. Thermal characteristics of cast-in-place pile foundations in warm permafrost at Beiluhe on interior Qinghai-Xizang Plateau：Field observations and numerical simulations［J］. Soils and Foundations, 2020, 60：90-102.

［34］ Hou X, Chen J, Liu Y Q, et al. Field observation of the thermal disturbance and freezeback processes of cast-in-place pile foundations in warm permafrost regions［J］. Research in Cold and Arid Regions, 2023, 15（1）：18-26.

［35］ Hu X B, Liu R Y, Xia M L, et al. Foundation pile test by self-balanced method of rock-socketed piles and friction piles in multilayer soil geological structure［J］. Journal of Civil, Architectural & Environmental Engineering, 2015, 37（2）：39-46.

［36］ Huang X, Li D Q, Ming F, et al. Experimental study of the compressive and tensile strengths of artificial frozen soil［J］. Journal of Glaciology and Geocryology, 2016, 38（5）：1346-1352.

［37］ Huang Y H, Niu F J, Chen J B, et al. Express highway embankment distress and occurring probability in permafrost regions on the Qinghai-Xizang Plateau［J］. Transportation Geotechnics, 2023：24.

［38］ Sangseom J, Jinhyung L, Cheol J L. Slip erect at the pile-soil interface on dragload［J］. Computers and Geotechnics, 2004, 31：115-126.

［39］ Javadi A, Katebi H, Esmaeili-Falak M. Experimental study of the mechanical behavior of frozen soils-a case study of tabriz subway［J］. Periodica Polytechnica Civil Engineering, 2017, 62（1）：117-125.

［40］ Briand J L, Tucker L M. Measured and predicted axial response of 98 piles［J］. Journal of Geotechnical Engineering, 1988, 114：984-1001.

［41］ Ji Y J, Zhang X L, Chen L, et al. Study on frost heaving evaluation of typical soil samples along Qinghai-Xizang highway［J］. Earth and Environmental Science, 2020, 461（1）：012062.

［42］ Jia Y M, Guo H Y, Guo Q C. Finite element analysis of bored pile-frozen soil interactions in permafrost［J］. Chinese Journal of Rock Mechanics and Engineering, 2007, 26（Supp. 1）：

3134-3140.

[43] Jia J, Tang H, Chen H. Dynamic mechanical properties and energy dissipation characteristics of frozen soil under passive confined pressure [J]. Acta Mechanica Solida Sinica, 2021, 34 (2): 184-203.

[44] John M L, Ali S, Prasad C R V, et al. Adfreeze strength of wooden piles in warm permafrost Soil [J]. Journal of Cold Regions Engineering, 2023, 37 (2): 205-221.

[45] Osterberg J O. New device for load testing driven piles and drilled shaft separates friction and end bearing. Piling and Deep Foundation [R]. A. A. Balkema Rotterdam, Netherlands, 1989.

[46] Jurjen van der S, Steven V K, Robert H F, et al. Permafrost terrain dynamics and infrastructure impacts revealed by UAV photogrammetry and thermal imaging [J]. Remote Sensing, 2018, 10 (11): 1734-1744.

[47] Henry K S, Bjella K. History of the fairbanks permafrost experiment station, alaska [C]. Proceedings of the International Conference on Cold Regions Engineering, Current Practice in Cold Regions Engineering, 2007: 51-59.

[48] Kavanagh K, Clough R W. Finite element application in the characterization of elastic solids [C]. Solids Structure, 1971, 1 (11): 20-23.

[49] Ketil I, Julia L, Macdonald A, et al. Advances in operational permafrost monitoring on Svalbard and in Norway [J]. Environmental Research Letters, 2022, 17 (9).

[50] Kong S, Liu J L, Liang R, et al. Study on thermal disturbance of frozen soil around piles by concrete hydration heat [J]. Journal of Physics: Conference Series, 2022, 2301 (1): 121-133.

[51] Li W, Zhang H, Zhao W X. Application of finite element calculation in temperature field of concrete compresol pile in the zone of permafrost [J]. Concrete, 2010 (7): 8-10.

[52] Li X, Wu Q, Jin H J. Mitigation strategies and measures for frost heave hazards of chilled gas pipeline in permafrost regions: A review [J]. Transportation Geotechnics, 2022, 36: 87-95.

[53] Li X H, Yang Y P, Wei Q C. Numerical simulation of pile foundation conduction at different molding temperature in permafrost regions [J]. Journal of Beijing Jiaotong University, 2005, 29 (1): 9-13.

[54] Likins G E, Rausche F. Correlation of CAPWAP with static load tests [C] //Proceedings of the Seventh International Conference on the Application of Stresswave Theory to Piles, 2004, 153-165.

[55] Liu Y, Gong W M, Zhou G. Research on bearing capacity test of permafrost foundation piles in refreezing [J]. Low Temperature Building Technology, 2005, 103 (1): 72-74.

[56] Liu Z , Yu T , Gu L , et al. Sensitivity of permafrost adjacent to bored pile in wetland tundra during concrete hydration heating [J]. American Journal of Civil Engineering, 2020 (2): 187-199.

[57] Liu Z Y, Yu T L, Yan N, et al. The influence of thermophysical properties of frozen soil on the temperature of the cast-in-place concrete pile in a negative temperature environment [J]. Archives of Thermodynamics, 2023, 44 (2): 21-48.

[58] Liu Z Z, Sha A M, Hu L Q, et al. A laboratory study of Portland cement hydration under low temperatures [J]. Road Materials and Pavement Design, 2017, 18 (S3): 1-11.

[59] Liu H B, Zhang Q, Ren L. Mechanical performance monitoring for prestressed concrete piles used in a newly-built high-piled wharf in a harbor with fiber bragg grating sensor technology when pile driving [J]. Applied Sciences, 2017, 7 (5): 489-501.

[60] Liu X, Wang K H, Nagger M H E. Dynamic pile-side soil resistance during longitudinal vibration [J]. Soil Dynamics and Earthquake Engineering, 2020, 134: 106148.

[61] Lunardini V J. Heat transfer in cold climate [M]. NewYork: Van Nostrand Reinhold Company, 1981.

[62] Slepak M E, Lunev M V. Single pile and pile group in permafrost [J]. Clod Regions Engineering, 1991: 44-53.

[63] Michael W O'Neill, Hawkins R A, Maher L J. Load transfer mechanisms in piles and pile groups [J]. Journal of Geotechnical Engineering Division, Proceeding Softer American Society of Civil Engineers, 1982, 108 (11): 1605-1623.

[64] Moayedi H, Mosallanezhad M, Nazir R. Evaluation of laintained load test (MLT) and pile driving analyzer (PDA) in measuring bearing capacity of driven reinforced concrete piles [J]. Soil Mech Found Engineering, 2017, 54 (3): 150-154.

[65] Momeni E, Nazir R, Armaghani D J, et al. Prediction of pile bearing capacity using a hybrid genetic algorithm-based ANN [J]. Measurement, 2014, 57: 122-131.

[66] Nie R S, Leng W M, Wei W. Equivalent conversion method for self-balanced tests [J]. Chinese Journal of Geotechnical Engineering, 2011, 33 (S2): 188-191.

[67] Wang J H, Ling X Z , Li, Q L , et al. Accumulated permanent strain and critical dynamic stress of frozen silty clay under cyclic loading [J]. Cold Regions Science and Technology, 2018, 153: 130-143.

[68] Morin P, Shield D H, Kenyon R. Model pile-settlement behavior in frozen sand [J]. Journal of Cold Regions Engineering, 1990, 5 (1): 1-13.

[69] Potter R S, Cammack J M, Braithwaite C H, et al. A study of the compressive mechanical properties of defect-free, porous and sintered water-ice at low and high strain rates [J]. Icarus,

2020, 351: 113940.

[70] Aghayarzadeh M, Khabbaz H , Fatahi B, et al. Interpretation of dynamic pile load testing for open-ended tubular piles using finite-element method ［J］. International Journal of Geomechanics, 2020, 20 (2): 04019169.

[71] Rausehe F, Richardson B, Likins G. Verification of deep foundation by CAPWAP methods ［C］. Pile Dynamics , Inc. ASCE Annual Meeting. Washington D C, 1993: 1-15.

[72] Richard L. 3D structural analysis of crack risk in hardening concrete ［J］. Ipacs Report, 2001, 53 (2): 95-97.

[73] Rowley R K, Watson G H, Ladand B. Verticaland lateral pile load tests in permafrost ［C］. Permafrost Second International Conference. New York: NorthAmerican Contribution, 1976: 50-55.

[74] Chai M T , Zhang J M , Ma W , et al. Thermal influences of stabilization on warm and ice−rich permafrost with cement: Field observation and numerical simulation ［J］. Appled Thermal Engineering, 2019, 148: 536-543.

[75] Sakr M. Comparison between high strain dynamic and static load tests of helical piles in cohesive soils ［J］. Soil Dynamics and Earthquake Engineering, 2013, 54 (11): 20-30.

[76] Sego D C, Biggar K W, Wong G. Enlarged base (belled) piles for use in ice or ice-rich permafrost ［J］. Journal of Cold Regions Engineering, 2003, 17 (2): 68-88.

[77] Shang Y H, Niu F J, Lin Z J , et al. Analysis of the cooling effect of a concrete thermal pile in permafrost regions ［J］. Applied Thermal Engineering, 2020, 173 (prepublish): 115254.

[78] Shang Y H, Niu F J, Wu X Y, et al. Study on ground thermal regime and bearing capacity of a cast-in-place in permafrost regions ［J］. Journal of the China Railway Society, 2020, 42 (5): 127-136.

[79] Shang Y H, Yuan K, Niu F J, et al. Study on ground temperature of cast-in-place pile of bridge in permafrost regions ［J］. Journal of Glaciology and Geocryology, 2016, 38 (4): 1129-1135.

[80] Shang Y H, Niu F J, Li G Y, et al. Application of aconcrete thermal pile in cooling the warming permafrost under climate change ［J］. Advances in Climate Change Research, 2024, 15 (1): 170-183.

[81] Shangguan Z, Zhu Z, Tang W. Dynamic impact experiment and numerical simulation of frozen soil with prefabricated holes ［J］. Journal of Engineering Mechanics, 2020, 146 (8): 04020085.

[82] Sheng Y J, Yu T L, Wu Y X, et al. Study on the effect of insulation materials on the temperature field of piles in ice-rich areas ［J］. Applied Sciences-Basel, 2022, 12 (23): 248-253.

[83] Zhang S J, Lai Y M, Zhang X F. Study on the damage propagation of surrounding rock from a

cold-region tunnel under freeze-thaw cycle condition [J]. Tunnelling and Underground Space Technology, 2004 (19): 295-302.

[84] Smith L. Pile bearing analysis by the wave equation [J]. Proceeing ASCE, 1990 (8): 850-861.

[85] Song C J, Dai C L, Gao Y Q, et al. Spatial-temporal characteristics of freezing/thawing index and permafrost distribution in Heilongjiang province, China [J]. Sustainability, 2022, 14 (24): 16899.

[86] Sritharan S, Suleman M T, White D J. Effects of seasonal freezing on bridge column-foundation-soil interaction and their implications [J]. Earthquake Spectra, 2007, 23 (1): 199-222.

[87] Stelzer D L. Cyclic load effects on model pile behavior in frozen sand [D]. Michigan: Michigan State University, 1989.

[88] Suleiman M T, Sritharan S, White D J. Cyclic lateral load response of bridge column-foundation-soil systems in freezing conditions [J]. Journal of Structural Engineering, 2006, 132 (11): 1745-1754.

[89] Sun Z H, Liu J K, Hu T F, et al. Field test study of a novel solar refrigeration pile in permafrost regions [J]. Solar Energy, 2023, 263: 111845.

[90] Sun H C, Yang P, Wang G L. Development of mechanical experimental system for interface layer between frozen soil and structure and its application [J]. Rock and Soil Mechanics. 2014, 35 (12): 3636-3641, 3643.

[91] Sun Y, Weng X, Wang W, et al. A thermodynamically consistent framework for visco-elasto-plastic creep and anisotropic damage in saturated frozen soils [J]. Continuum Mechanics and Thermodynamics, 2020, 33 (1): 53-68.

[92] Sung G K, Chang H C. Experimental study on adfreeze bond strength between frozen sand and aluminum with varying freezing temperature and vertical confining pressure [J]. Journal of the Korean Geotechnical Society, 2011, 27 (9): 67-76.

[93] Tang L Y, Yang G S. Thermal effects of pile construction on pile foundation in permafrost regions [J]. Chinese Journal of Geotechnical Engineering, 2010, 32 (9): 1350-1353.

[94] Tang W, Zhu Z, Fu T, et al. Dynamic experiment and numerical simulation of frozen soil under confining pressure [J]. Acta Mechanica Sinica, 2020, 36 (6): 1302-1318.

[95] Okabe T. Large negative friction-free pipe methods [C]. Proceedings of 9th international conference on Soil Mechanics and Foundation Engineering, 1997, 2 (5): 85-92.

[96] Vyalov S S, Mirenbury Y S. Improved methods of testing piles in frozen soils [J]. Soil Mechanics and Foundation Engineering, 1991, 27 (4): 155-161.

[97] Wu Y D, Ren Y Z , Liu, J , et al. Analysis of negative skin friction on a single pile based on

the effective stress method and the finite element method [J] Applied Sciences-Basel, 2022, 12 (9): 4125.

[98] Nelson W, Christopherson A, Nottingham D. Computer-based simulation of the ice fracture near a vertical pile [J]. International Journal of Offshore and Polar Engineering, 1992, 2 (2): 123-128.

[99] Wang H X, Wu Y P, Sun A Y, et al. Mechanical properties research about frozen soil pile foundation under cyclic loading [J]. Journal of Railway Science and Engineering, 2017, 14 (10): 2111-2117.

[100] Wang J Z, Li S S, Zhou G Q, et al. Analysis of bearing capacity of pile foundation in high temperature permafrost regions with permafrost table descending [J]. Chinese Journal of Rock Mechanics and Engineering, 2006, 25 (S2): 4226-4232.

[101] Wang L, Liu Q, Xu Y. Prediction of temperature field of embankment in permafrost region of Qinghai Xizang railway [J]. Earth and Environmental Science, 2021, 38 (1): 496-513.

[102] Wang S L, Niu F J, Zhao L. The thermal stability of roadbed in permafrost regions a long Qinghai-Xizang highway [J]. Cold Regions Science and Technology, 2003 (37): 25-34.

[103] Wang S L, Zhao X M. Analysis of the groundtemperatures monitored in permafrost regions on the Tibetan plateau [J]. Journal of Glaciology and Geocryolgy, 1992, 21 (4): 351-356.

[104] Wang X, Jiang D J, Liu D R, et al. Experimental study of bearing characteristics of large-diameter cast-in-place bored pile under non-refreezing condition in low-temperature permafrost ground [J]. Chinese Journal of Rock Mechanics and Engineering, 2013, 32 (9): 1807-1812.

[105] Wang X, Jiang D J, Zhao X Y, et al. Experimental study on bearing features of bored pile under non-refreezing condition in permafrost region [J]. Chinese Journal of Geotechnical Engineering, 2005, 27 (1): 81-84.

[106] Wang L L, Wang Z T, Ding Z P, et al. Factors influencing accuracy of free swelling ratio of expansive soil [J]. Journal of Central South University, 2022, 29 (5): 1653-1662.

[107] Wang R H, Wang W, Chen Y F. Model experimental study on compressive bearing capacity of single pile in frozen soil [J]. Journal of Glaciology and Geocryology, 2005, 27 (2): 188-193.

[108] Wang X R, Li Z H, Sun B J, et al. Coupling mechanisms between cement hydration and permafrost during well construction in the Arctic region [J]. Geoenergy Science and Engineering, 2023, 12 (9): 107-112.

[109] Wu Y P, Guo C X, Zhao S Y, et al. Influence of casting temperature of single pile on temperature field of ground in permafrost of Qinghai-Xizang plateau [J]. Journal of The Chinese Railway Society, 2004, 26 (6): 81-85.

[110] Wu Y P, Su Q, Guo C X, et al. Nonlinear analysis of ground refreezing process for pile group bridge foundation in permafrost [J]. China Civil Engineering Journal, 2006, 39 (2): 78-84.

[111] Wu Y P, Guo C X, Pan W D, et al. Influences of refreezing process of ground on bearing capacity of single pile and bridge construction in permafrost [J]. Chinese Journal of Rock Mechanics and Engineering, 2004, 23 (24): 4229-4233.

[112] Wu Y P, Wang H X, Wang N, et al. Experimental method of ultimate bearing capacity of pile foundation in permafrost region [J]. China Journal of Highway and Transport, 2018, 31 (1): 38-45.

[113] Wu Y P, Zhu Y L, Guo C X, et al. Multifield cou-pling model and its application in permafrost [J]. Science in China Series D: Earth Sciences, 2005, 48 (7): 968-977.

[114] Wyczółkowski R, Strychalska D, Bagdasaryan V. Correlations for the thermal conductivity of selected steel grades as a function of temperature in the range of 0-800 ℃ [J]. Archives of Thermodynamics, 2022 (43): 29-45.

[115] Xia Z, Zou J. Simplified approach for settlement analysis of vertically loaded pile [J]. Journal of Engineering Mechanics, 2017, 143 (11): 04017124.

[116] Xie Q, Su L, Zhu Z. Dynamic constitutive model of frozen soil that considers the evolution of volume fraction of ice [J]. Scientific Reports, 2020, 10 (1): 1-11.

[117] Xu C H, Xu X Y. Numerical analysis of adfreezing force of engineering pile in permafrost [J]. Journal of Harbin Institute of Technology, 2007, 39 (4): 542-545.

[118] Yu Q H, Zhang Z Q, Wang G S, et al. Analysis of tower foundation stability along the Qinghai-Xizang power transmission line and impact of the route on the permafrost [J]. Cold Regions Science and Technology, 2016, 121: 205-213.

[119] Yu D Z, Cheng P F, Ji C, et al. Research on bearing capacity of bridge pile foundation based on high-strain dynamic test method [J]. Highway, 2015, 60 (5): 67-70.

[120] Yuan X Z, Ma W, Liu Y Z. Study on thermal regime of high-temperature frozen soil while construction of cast-in-pile [J]. Chinese Journal of Rock Mechanics and Engineering, 2005, 24 (6): 1052-1055.

[121] Zhang J Z, Zhou Y J, Zhou G. Study on the freezing back time of bridge pile foundation in the permafrost regions of regions of Qinghai-Xizang highway [J]. Highway, 2010 (1): 33-38.

[122] Zhang M, Zhang X. Evaluating the cooling performance of crushed-rock interlayer embankments with unperforated and perforated ventilation ducts in permafrost regions [J]. Energy, 2015, 93 (1): 874-881.

[123] Zhang X. Thermal-mechanical analysis of a newly cast concrete wall of a subway [J]. Tunnelling and Underground Space Technology, 2005, 20 (3): 442-451.

［124］ Zhang F, Zhu Z, Fu T, et al. Damage mechanism and dynamic constitutive model of frozen soil under uniaxial impact loading ［J］. Mechanics of Materials, 2020, 140: 103217.

［125］ Zhang F, Zhu Z, Ma W, et al. A unified viscoplastic model and strain rate-temperature equivalence of frozen soil under impact loading ［J］. Journal of the Mechanics and Physics of Solids, 2021, 152: 104413.

［126］ Zhang Q, Zhang Z. A simplified nonlinear approach for single pile settlement analysis ［J］. Revue Canadienne De Géotechnique, 2012, 49 (11): 1256-1266.

［127］ Zhang X F, Ni Y S, Song C X. Research on non-destructive testing technology for existing bridge pile foundations ［J］. Structural Monitoring and Maintenance, an International Journal, 2020, 7 (1): 43-58.

［128］ Zhao X Y, Wang J, Wang Y Z. The temperature control technology of bridge foundation in permafrost regions ［J］. Procedia Engineering, 2017, 210: 235-239.

［129］ Zhao L Z, Yang P, Wang J G. Impacts of surface roughness and loading conditions on cyclic direct shear behaviors of an artificial frozen silt-structure interface ［J］. Cold Regions Science and Technology, 2014, 106-107: 183-193.

［130］ Zhou Z J, Yang T, Fan H B. A Full-scale field study on bearing characteristics of cast-in-place piles with different hole-forming methods in loess area ［J］. Advances in Civil Engineering, 2019, 6: 1-12.

［131］ Zhu X G, Wang S Z, Ye J N, et al. Load transfer model and improved transition method for load-settlement curve under O-cell pile testing method ［J］. Chinese Journal of Geotechnical Engineering, 2010, 32 (11): 1717-1721.

［132］ Zhu Z, Fu T, Zhou Z, et al. Research on Ottosen constitutive model of frozen soil under impact load ［J］. International Journal of Rock Mechanics and Mining Sciences, 2021, 137: 104544.

［133］ Zhu Z, Liu Z, Xie Q, et al. Dynamic mechanical experiments and microstructure constitutive model of frozen soil with different particle sizes ［J］. International Journal of Damage Mechanics, 2017, 27 (5): 686-706.

［134］ Zubeck H, Aleshire L, Hagood S. Pile load tests in permafrost using spiral legsto support hot ice No. 1 drilling platform ［C］. Proceedings of the International Conference on Cold Regions Engineering, 2009 (52): 112-116.

［135］ 曹汉志. 桩的轴向荷载传递及荷载沉降曲线的数值计算方法 ［J］. 岩土工程学报, 1986, 8 (6): 48-52.

［136］ 陈安国, 刘东甲. 基桩高应变检测的拟合方法研究 ［J］. 工程地球物理学报, 2008, 5 (2): 215-221.

［137］ 陈伟华. 多年冻土区桩侧冻结强度与负摩阻力试验研究 ［D］. 哈尔滨: 哈尔滨工业大

学，2011.

[138] 陈肖柏，刘建坤，刘鸿绪，等．土的冻结作用与地基 [M]．北京：科学出版社，2006.

[139] 陈学敏，陈伟华，徐学燕，等．多年冻土桩基础土体温度场数值分析 [J]．黑龙江电力，2013，35 (2)：127-129.

[140] 程国栋．我国高海拔多年冻土地带性规律之探讨 [J]．地理学报，1984，39 (2)：185-193.

[141] 程培峰，宇德忠．季冻区粉砂土冻胀试验及路基冻胀模型 [J]．中外公路，2011 (2)：20-22.

[142] 戴国亮，龚维明，刘欣良．自平衡试桩法桩土荷载传递机理原位测试 [J]．岩土力学，2003，6 (24)：1065-1070.

[143] 董平，秦然．基于剪胀理论的嵌岩桩嵌岩段荷载传递法分析 [J]．岩土力学，2003，24 (2)：215-219.

[144] 冯晓军．基桩动力测试实测曲线拟合法的分析与应用 [D]．西安：长安大学，2006.

[145] 符进，姜宇，彭惠，等．多年冻土区大直径钻孔灌注桩早期回冻规律 [J]．交通运输工程学报，2016，16 (4)：104-111.

[146] 龚维明，戴国亮．桩承载力自平衡测试技术及工程应用 [M]．北京：中国建筑工业出版社，2006.

[147] 龚维明，蒋永生．桩承载力自平衡测试法 [J]．岩土工程学报，2000 (5)：532-536.

[148] 管顺清，吴彤．高海拔多年冻土区基础试验研究 [J]．武汉大学学报 (工学版)，2010，43：195-199.

[149] 管锡琨．湖淤软基单桩竖向极限承载力预测与分析 [D]．哈尔滨：东北林业大学，2011.

[150] 郭春香，吴亚平．太阳辐射及气候变暖对冻土区单桩承载力的影响 [J]．岩石力学与工程学报，2014，33 (增 1)：3306-3311.

[151] 何江海，何景灏．水泥水化热与混凝土绝热温升计算方法研究 [J]．科技信息，2010，21：465-466.

[152] 贾艳敏，郭红雨，郭启臣．多年冻土区灌注桩桩-冻土相互作用有限元分析 [J]．岩石力学与工程学报，2007，26 (1)：3134-3140.

[153] 蒋志军．高强度预应力管桩单桩竖向承载力动静试验对比研究 [D]．重庆：重庆大学，2007.

[154] 孔纲强．群桩负摩阻力特性研究 [D]．大连：大连理工大学，2009.

[155] 李东庆，周家作，张坤．季节性冻土的水—热—力建模与数值分析 [J]．中国公路学报，2012，25 (1)：1-7.

[156] 李浩伟．冻土融化过程中桩土相互作用机理研究 [J]．路基工程，2009，147 (6)：

119-120.

[157] 李明贤，张辰熙．混凝土水化热对多年冻土地温的影响研究 [J].低温建筑，2013，7
　　　(12)：114-117.

[158] 李明贤. SBAS-InSAR 技术监测青藏高原季节性冻土形变 [J].地球物理学报，2012，16
　　　(5)：276-286.

[159] 李述训，程国栋．多年冻土的形成演化过程分析及近似计算 [J].冰川冻土，1996，18
　　　(增)：197-205.

[160] 李述训，吴通华．青藏高原地气温度之间的关系 [J].冰川冻土，2005，27 (5)：
　　　627-632.

[161] 李廷．基桩高应变锤桩土相互作用机理及其模拟试验研究 [D].长沙：中南大
　　　学，2010.

[162] 李小和，杨永平，魏庆朝．多年冻土地区不同入模温度下桩基温度场数值分析 [J].北
　　　京交通大学学报，2005，29 (1)：9-14.

[163] 李彦平．关于青藏高原冻土钻孔打入桩施工初探 [J].山西建筑，2002，28 (2)：
　　　27-28.

[164] 励国良，赵西生，王化卿，等．多年冻土地区桩基试验研究 [J].铁道学报，1980，11
　　　(1)：83-93.

[165] 梁胜增．高应变桩基承载力检测法的分析与应用研究 [D].成都：西华大学，2009.

[166] 刘霁，李云．季节性冻土环境下混凝土短桩基础抗冻拔研究 [J].施工技术，2009，38
　　　(1)：81-82.

[167] 刘秀，贾艳敏．多年冻土地区钻孔灌注桩回冻初期承载力的计算 [J].森林工程，
　　　2007，3 (23)：45-47.

[168] 刘雨．多年冻土地区单桩承载特性研究 [D].南京：东南大学，2005.

[169] 鲁良辉．桩承载力自平衡测试转换方法研究 [D].南京：东南大学，2004.

[170] 栾红．冻土地区桥梁桩基冻结强度试验研究 [J].城市道桥与防洪，2011 (3)：
　　　125-129.

[171] 吕晓亮，周国庆，别小勇．未冻土和高温冻土中桩基承载性能试验研究 [J].岩土工程
　　　技术，2007，21 (3)：160-163.

[172] 马巍，吴紫汪，常小晓，等．冻结砂土强度特征的微观机理试验研究 [C].第五届全
　　　国冰川冻土学大会论文集 (上)．兰州：甘肃文化出版社，1996：172-177.

[173] Zhao Y H, Zhang M Y, Gao J. Research progress of constitutive models of frozen soils: A
　　　review [J]. Cold Regions Science and Technology, 2023, 206: 103720.

[174] 牛永红，刘永智．桩基施工对冻土区地温影响的试验研究 [J].铁道工程学报，2004
　　　(1)：111-115.

[175] 戚元博. 砂土长桩自平衡试验与研究 [D]. 哈尔滨: 东北林业大学, 2012.

[176] 盛煜. 变应力蠕变过程中冻土长期强度探讨 [C]. 第五届全国冰川冻土学大会论文集 (上). 兰州: 甘肃文化出版社, 1996: 724-728.

[177] 施惠生, 黄小亚. 水泥混凝土水化热的研究与进展 [J]. 水泥技术, 2009 (6): 21-26.

[178] 石剑. 黑龙江省多年冻土分布特征 [J]. 黑龙江气象, 2003, 3: 32-34.

[179] 石名磊. 大直径钻孔灌注桩的承载力与沉降研究 [D]. 南京: 东南大学, 2001.

[180] 孙波. 堆载作用下的单桩承载力特性研究 [D]. 上海: 上海交通大学, 2008.

[181] 孙学先, 张慧, 田明. 多年冻土区灌注桩竖向抗拔承载力试验研究 [J]. 岩土力学, 2007, 28 (10): 2110-2114.

[182] 孙雨洋. 多年冻土区竖向荷载作用单桩变形和承载力研究 [D]. 哈尔滨: 哈尔滨工业大学, 2012.

[183] 谭海立. 基于小波分析的基桩完整性检测 [D]. 武汉: 武汉理工大学, 2010.

[184] 唐丽云, 奚家米, 杨更社. 引入三维接触单元模拟冻土与桩共同作用 [J]. 西安科技大学学报, 2007, 27 (3): 337-340.

[185] 唐丽云, 杨更社. 多年冻土区桩基竖向承载力的预报模型 [J]. 岩土力学, 2009, 30 (2): 169-173.

[186] 唐念慈. 渤海 12 号平台钢管桩试验研究 [J]. 海洋石油, 1985, 3 (19): 45-49.

[187] 田凯, 杨立军. 高应变动测和静载荷试验对比检测单桩承载力 [J]. 水利与建筑工程学报, 2007, 2 (5): 78-81.

[188] 汪仁和, 王伟, 陈永锋. 冻土中单桩抗压承载力模型试验研究 [J]. 冰川冻土, 2005, 27 (2): 188-193.

[189] 王华林. 人工冻融土物理力学性能研究 [J]. 冰川冻土, 2002, 24 (5): 665-667.

[190] 王建州, 李生生, 周国庆, 等. 冻土上限下移条件下高温冻土桩基承载力分析 [J]. 岩石力学与工程学报, 2006, 25 (10): 4226-4232.

[191] 王晓黎, 陈频志, 吴少海. 青藏铁路桩基础形式的研究及应用 [J]. 中国铁路, 2003, 4 (1): 33-35.

[192] 王旭, 蒋代军, 赵新宇, 等. 多年冻土区未回冻钻孔灌注桩承载性质试验研究 [J]. 岩土工程学报, 2005, 27 (1): 81-84.

[193] 王雪锋, 吴世明. 基桩动检测技术 [M]. 北京: 科学出版社, 2001.

[194] 王志宽. 大直径人工孔挖孔扩底桩承载力实验研究 [D]. 郑州: 郑州大学, 2010.

[195] 温智, 盛煌, 吴青柏. 青藏铁路路基浅地表热状态动态监测初步分析 [J]. 岩石力学与工程学报, 2003 (S2): 2664-2668.

[196] 吴亚平, 苏强, 朱元林. 冻土区桥梁群桩基础地基回冻过程的非线性分析 [J]. 土木工程学报, 2006, 3 (7): 78-83.

[197] 吴轶东，陈久照．单桩承载力的高应变动测和静载荷试验对比分析 [J]．广东土木与建筑，2004，32（11）：54-56．

[198] 吴紫汪，张家懿．冻土的残余强度 [C]．第二届全国冻土学术会议论文选集．兰州：甘肃人民出版社，1983：284-287．

[199] 徐春华，徐学燕．多年冻土地区工程桩桩侧冻结力数值分析 [J]．哈尔滨工业大学学报，2007，39（4）：542-545．

[200] 徐春华．多年冻土区砼灌注桩竖向承载性能研究 [D]．哈尔滨：哈尔滨工业大学，2009．

[201] 徐莲净．多年冻土地区单桩应力状态分析 [D]．哈尔滨：东北林业大学，2006．

[202] 徐勇．桩基自平衡试桩法的理论分析及工程应用研究 [D]．长沙：中南大学，2011．

[203] 闫荣．多年冻土地区钻孔灌注桩基施工技术 [J]．青海交通科技，2012，1（1）：41-42．

[204] 杨立专．基于动力特性的桩基损伤检测和承载力评估技术研究 [D]．武汉：武汉理工大学，2008．

[205] 于印章，汪凤泉，韩晓林．高应变单桩承载力动测分析方法的改进 [J]．岩土工程学报，1996，5（18）：41-46．

[206] 于长海．大直径钻孔灌注桩施工技术及桩底注浆研究 [D]．西安：长安大学，2009．

[207] 宇德忠．粉砂土路基渗透系数的试验研究 [J]．黑龙江交通科技，2012（12）：30-31．

[208] 宇德忠．季冻区粉砂土路基水、温变化及冻胀规律的研究 [D]．哈尔滨：东北林业大学，2011．

[209] 张楠，许文俊，王静，等．基于 GNSS 的青藏高原东北缘地壳运动场及强震趋势研究 [J]．地震工程学报，2022，44（3）：649-660．

[210] 张守国．多年冻土地区钻孔灌注桩早期承载能力增长规律研究 [D]．西安：长安大学，2013．

[211] 张熙胤，王万平，于生生，等．多年冻土区桥梁桩基础抗震性能及影响因素分析 [J]．岩土工程学报，2022，44（9）：1635-1643．

[212] 张向辉．竖向荷载作用下钻孔灌注桩的承载性状研究 [D]．天津：河北工程大学，2013．

[213] 张晓峰．桩基负摩擦力的试验研究 [D]．上海：同济大学，2007．

[214] 张作宏，李方东，许兰民，等．五道梁特大桥桩基础施工技术 [J]．铁道建筑技术，2003（S1）：80-81．

[215] 章金钊，周彦军，周纲．青藏公路多年冻土地区桥梁桩基地基回冻时间的探讨 [J]．公路，2010，1（1）：33-38．

[216] 章金钊．高原多年冻土地区桥涵设计与施工研究 [J]．中国铁道科学，2001，22（4）：40-46．

[217] 赵秀云. 多年冻土地区桩基温度场及其调控效果数值模拟 [D]. 西安：长安大学，2011.

[218] 中华人民共和国行业标准. JGJ 106—2003 建筑基桩检测技术规范 [S]. 北京：人民交通出版社，2003.

[219] 中华人民共和国交通运输部. JT/T 875—2013 桩基自平衡法静载试验用荷载箱 [S]. 北京：人民交通出版社，2013.

[220] 周光龙. 桩基参数动测法 [A]. 中国土木工程学会第三届土力学及基础工程学会会议论文选集. 北京：中国建筑工业出版社，1981.

[221] 周巍，李洪泽. 自平衡法荷载箱位置对桩荷载试验的影响分析 [J]. 施工技术，2010，6 (39)：48-51.

[222] 周幼吾，郭东信，邱国庆，等. 中国冻土 [M]. 北京：科学出版社，2000.

[223] 朱伯芳. 水工混凝土结构的温度应力与温度控制 [M]. 北京：科学出版社，1976.

[224] 朱德举. 多年冻土地区钻孔灌注桩的有限元分析 [D]. 哈尔滨：东北林业大学，2004.

[225] 朱秋颖. 多年冻土中单桩循环冻拔性质试验研究 [D]. 兰州：兰州交通大学，2011.

[226] 朱元林. 冻结黏性土的变形分析 [J]. 冰川冻土，2000，6 (1)：43-47.

[227] Xu G F, Qi J L, Wu W. Recent advances in geotechnical research [C]. Cham：Springer Series in Geomechanics and Geoengineering. Springer, 2019：227-236.

[228] Ma W, Wu Z W, Zhang C Q. Strength and yield criteria of frozen soil [J]. Journal of Glaciology and Geocryology, 1993, 15 (1)：129-133.

[229] Parameswaran V R. Deformation behavior and strength of frozen sand [J]. Canadian Geotechnical Journal, 1980, 17 (1)：74-88.

[230] Parameswaran V R, Jones S J. Triaxial testing of frozen sand [J]. Journal of Glaciology, 1981, 27 (95)：147-155.

[231] 刘增利，李洪升，朱元林. 冻土单轴压缩损伤特征和细观损伤测试 [J]. 大连理工大学学报，2002，42 (2)：15-19.

[232] 赵淑萍，马巍，郑剑锋，等. 基于 CT 单向压缩试验的冻结重塑兰州黄土损伤耗散势研究 [J]. 岩土工程学报，2012，34 (11)：2019-2025.

[233] Zhang S J, Lai Y M, Sun Z Z, et al. An experimental study of the heat generated during cyclic compressive loading of frozen soils [J]. Cold Regions Science and Technology, 2011, 67 (3)：165-170.

[234] Liu J K, Cui Y H, Wang P C, et al. Design and validation of a new dynamic direct shear apparatus for frozen soil [J]. Cold Regions Science and Technology, 2014, 106：207-215.

[235] Xu X T, Li Q L, Lai Y M, et al. Effect of moisture content on mechanical and damage behavior of frozen loess under triaxial condition along with different confining pressures [J].

Cold Regions Science and Technology, 2019, 157: 110-118.

[236] Shen M D, Zhou Z W, Zhang S J. Effect of stress path on mechanical behaviours of frozen subgrade soil [J]. Road Materials and Pavement Design, 2021 (8): 1-30.

[237] 刘睫, 陈兵. 大体积混凝土水化热温度场数值模拟 [J]. 混凝土与水泥制品, 2010 (5): 15-18, 27.

[238] 杨永鹏, 孟进宝, 韩龙武, 等. 青藏铁路工程走廊多年冻土对全球气候变暖的响应 [J]. 中国铁道科学, 2018, 39 (1): 1-7.

[239] 陈赵育, 李国玉, 穆彦虎, 等. 混凝土的入模温度和水化热对青藏直流输电线路冻土桩基温度特性的影响 [J]. 冰川冻土, 2014, 36 (4): 818-827.

[240] 李磊, 刘卫东, 李栖彤, 等. 引气混凝土导热系数试验与分析 [J]. 河北工程大学学报 (自然科学版), 2011, 28 (3): 17-20.

[241] 刘卫东, 田波, 侯子义. 混凝土导热系数试验研究 [J]. 中外公路, 2012, 32 (1): 226-229.

[242] 朱丽华, 戴军, 白国良, 等. 再生混凝土导热系数试验与分析 [J]. 建筑材料学报, 2015, 18 (5): 852-856, 904.

[243] 张伟平, 童菲, 邢益善, 等. 混凝土导热系数的试验研究与预测模型 [J]. 建筑材料学报, 2015, 18 (2): 183-189.